Volume 7 · 1987 · Number 5

Acta Biotechnologica

Journal of microbial, biochemical and bioanalogous technology

Akademie-Verlag
Berlin

ISSN 0138-4988
Acta Biotechnol., Berlin 7 (1987) 5, 387–484

Instructions to Authors

1. Only original papers that have not been published previously will be accepted.
   Manuscripts may be submitted in English, German or Russian (in duplicate). The name of the institute (with the full address) from which the manuscript originates should be stated below the name(s) of the author(s). The authors are responsible for the content of their contributions.

2. Original papers should not exceed 20 typewritten pages (double spaced), including references, tables and figures; short original communications may contain a maximum of six typewritten pages.

3. Each paper should be preceded by a summary in English and the title in English.

4. Latin names of species as well as passages to be printed in italics for greater emphasis should be marked by a waving line. Please use only units and symbols of the SI-system.

5. Tables may be used to shorten the text or to make it more comprehensible. They should be numbered consecutively throughout the text and be supplied with a brief heading. They should not appear in the text, but should be written on separate sheets.

6. The numbers and sizes of illustrations should be limited to a minimum, they should be numbered consecutively and be quoted on separate sheets.
   Line drawings, including graphs and diagrams, should be drawn in black ink. Half-tone illustrations should be presented as white glossy prints. Figure legends are to be typed in sequence on a separate sheet.
   The back of each sheet should bear the name(s) of the author(s).

7. References listed at the end of the contribution should contain only works quoted in the text. They should be numbered in the order in which they are first mentioned in the text.
   Please give surnames and initials of all authors, the name of the journal abbreviated according to "Chemical Abstracts — List of Periodicals", volume number, year of publication, issue number or month, first page number. Books are to be cited with full title, edition, volume number, page number, place of publication, publisher and year of publication.

8. Notes to the text may be presented as footnotes on the same page.

9. 50 offprints are free of charge.
   Additional ones may be ordered on payment.

10. The author will receive two galley proofs for correction. They are to be returned to the managing editor (DDR-7050 Leipzig, Permoserstr. 15, Dr. Dimter) as soon as possible.

Acta Biotechnologica

Journal of microbial, biochemical and bioanalogous technology

Edited by the
Institute of Biotechnology of the Academy of Sciences of the G.D.R., Leipzig
and by the
Kombinat of Chemical Plant Construction Leipzig—Grimma
by
M. Ringpfeil, Leipzig and G. Vetterlein, Leipzig

Volume 7

1987

Number 5

Managing Editor: L. Dimter, Leipzig

AKADEMIE-VERLAG · BERLIN

"Acta Biotechnologica" publishes original papers, short communications, reports and reviews from the whole field of biotechnology.
The journal is to promote the establishment of biotechnology as a new and integrated scientific field.
The field of biotechnology covers microbial technology, biochemical technology and the technology of synthesizing and applying bioanalogous reaction systems.
The technological character of the journal is guaranteed by the fact that papers on microbiology, biochemistry, chemistry and physics must clearly have technological relevance.

Terms of subscription for the journal "Acta Biotechnologica"
Orders can be sent

- **in the GDR:** to Postzeitungsvertrieb or to the Akademie-Verlag Berlin, Leipziger Str. 3—4, PF 1233, DDR - 1086 Berlin;
- **in the other socialist countries:** to a book-shop for foreign languages literature or to the competent news-distributing agency;
- **in the FRG and Berlin (West):** to a book-shop or to the wholesale distributing agency Kunst und Wissen, Erich Bieber, Wilhelmstr. 4—6, D - 7000 Stuttgart 1;
- **in the other Western European countries:** to Kunst und Wissen, Erich Bieber GmbH, General Wille-Str. 4, CH - 8002 Zürich;
- **in other countries:** to the international book- and journal-selling trade, to Buchexport, Volkseigener Außenhandelsbetrieb der DDR, PF 160, DDR - 7010 Leipzig, or to the Akademie-Verlag Berlin, Leipziger Str. 3—4, PF 1233, DDR - 1086 Berlin.

Acta Biotechnologica

Herausgeber: Institut für Biotechnologie der AdW der DDR
Permoserstr. 15, DDR - 7050 Leipzig
(Prof. Dr. Manfred Ringpfeil) und

VEB Chemieanlagenbaukombinat Leipzig—Grimma,
Bahnhofstr. 3—5, DDR - 7240 Grimma
(Dipl.-Ing. G. Vetterlein).

Verlag: Akademie-Verlag Berlin, Leipziger Straße 3—4, PF 1233, DDR - 1086 Berlin;
Fernruf: 2236201 und 2236229; Telex-Nr.: 114420; Bank: Staatsbank der DDR, Berlin, Konto-Nr.: 6836-26-20712.

Redaktion: Dr. Lothar Dimter (Chefredakteur),
Martina Bechstedt, Käthe Geyler (Redakteure),
Permoserstr. 15, DDR - 7050 Leipzig; Tel.: 2392255.

Veröffentlicht unter der Lizenznummer 1671 des Presseamtes beim Vorsitzenden des Ministerrates der Deutschen Demokratischen Republik.

Gesamtherstellung: VEB Druckhaus „Maxim Gorki", DDR - 7400 Altenburg.

Erscheinungsweise: Die Zeitschrift „Acta Biotechnologica" erscheint jährlich in einem Band mit 6 Heften. Bezugspreis eines Bandes 180,— DM zuzüglich Versandspesen; Preis je Heft 30,— DM. Der gültige Jahresbezugspreis für die DDR ist der Postzeitungsliste zu entnehmen.

Bestellnummer dieses Heftes: 1094/7/5.

AN (EDV) 18520

03000

Acta Biotechnol. 7 (1987) 5, 389–399

Laugung lateritischer Nickelerze mit heterotrophen Mikroorganismen

BOSECKER, K.

Bundesanstalt für Geowissenschaften und Rohstoffe
Stilleweg 2, 3000 Hannover 51

Summary

Organic acids that are excreted by microorganisms dissolve nickel from lateritic ores. In chemical leaching experiments, fifteen organic acids were tested in the concentration range of 0.05–0.5 M. The most effective were hydroxycarboxylic acids. The leaching of nickel is dependent on the type of mineralization. With completely limonitized ore, no mobilization occurred, while up to 90% of the nickel was extracted from silicate-bearing laterites by 0.5 M citric acid.
In biological leaching tests, *Penicillium* was found to be the most effective microorganism. After improvement of the leaching conditions, up to 70% of the nickel was extracted at considerably lower citric acid concentrations than with the chemical leaching process. Generally, leaching of nickel from lateritic ores with heterotrophic microorganisms is possible and seems to be promising. Possibilities for future investigations are discussed.

Einleitung

Thiobacillen sind bisher die einzigen Mikroorganismen, die in großtechnisch-wirtschaftlichem Maßstab zur Metallgewinnung eingesetzt werden [1–4]. Diese Stämme sind aber nur dann wirksam, wenn sulfidische Erze vorliegen. Schwierigkeiten bereitet dagegen die Aufbereitung oxidischer, karbonatischer und silikatischer Erze.
Für die Zukunft gewinnen aber gerade diese Erze zunehmende Bedeutung. Wegen der geringen Wertmetallgehalte der Laterite ist die Nickelgewinnung nach konventionellen metallurgischen Verfahren aber relativ schwierig und kostenaufwendig [5]. Es erscheint daher notwendig, neue Verfahren zu entwickeln, wobei einer mikrobiologischen Laugung mit heterotrophen Organismen eine wichtige Bedeutung beigemessen wird.
Bei Untersuchungen zur biologischen Gesteinsverwitterung wurden sowohl Bakterien als auch Pilze isoliert, die die Fähigkeit besitzen, Schwermetalle aus dem Gestein in Lösung zu bringen. Wirksame Agenzien sind organische Säuren (z. B. Milchsäure, Oxalsäure, Citronensäure, Gluconsäure) und Verbindungen mit mindestens zwei hydrophilen Reaktionsgruppen (z. B. Phenolderivate), die als Stoffwechselprodukte in die Nährlösung abgegeben werden und eine Mobilisierung über Salz- und Chelatbildung bewirken [6–10].
Die zunächst bei der Gesteinsverwitterung nachgewiesenen Reaktionsmechanismen ließen sich in einigen Fällen erfolgreich zur Extraktion verschiedener Wertmetalle

(Aluminium, Kupfer, Mangan, Titan, Uran) aus oxidischen, karbonatischen und silikatischen Erzen anwenden [9, 11–17].
Wie weit diese Verfahren auch auf Nickel angewendet werden können, war bisher nicht bekannt. Es sollte daher geprüft werden, ob heterotrophe Mikroorganismen auch zur Extraktion von Nickel aus lateritischen Erzen eingesetzt werden können. Über die Ergebnisse dieses Forschungsvorhabens, dessen Schwerpunkt auf der Isolierung und Anreicherung geeigneter Mikroorganismen und der Erarbeitung wichtiger mikrobiologischer und methodischer Grundlagen lag, wird im folgenden berichtet.

Material und Methoden

Erze

Die Untersuchungen wurden mit lateritischen Nickelerzen aus Neukaledonien, Australien, Brasilien und den Philippinen durchgeführt. Die Erze unterscheiden sich in ihrer chemischen und mineralogischen Zusammensetzung. Einige der wichtigsten Charakteristika sind in Tab. 1 zusammengestellt.

Tab. 1. Chemische und mineralogische Zusammensetzung lateritischer Erze

Probe	Fundort	Erztyp	Chemische Analyse (%)						
			Ni	Fe	Al	Cr	MnO	SiO_2	MgO
422	Mea, New Caledonia	Limonit	0,9	51,8	1,4	1,5	0,7	1,9	0,3
423	Greenvale, Australia	Limonit	1,4	43,9	3,2	1,3	1,4	10,3	1,0
429	Nonoc, Philippines	Limonit	1,5	47,1	4,3	1,9	1,5	2,4	0,8
424	Barro Alto, Brazil	Silikat	2,4	16,4	2,1	0,8	0,4	40,9	13,8
426	Barro Alto, Brazil	Silikat	2,2	9,9	0,8	0,5	0,2	36,3	29,9
425	Nonoc, Philippines	Silikat	1,8	6,8	0,5	0,3	0,1	38,6	33,5
Ni 6	New Caledonia	Silikat	3,1	6,4	0,1	0,2	0,1	39,4	29,8

Mikroorganismen

Zur Isolierung und Anreicherung von Bakterien und Pilzen wurden frische Boden- und Gesteinsproben aus verschiedenen Verwitterungszonen aus dem Nickel-Tagebau in Greenvale (Nord-Queensland, Australien) in einem Nährmedium (1% Peton; 0,05% Hefeextrakt; 0,4% Glucose; 0,2% NaCl; pH 7,0) bei 30 °C auf dem Schütteltisch bebrütet. Das gleiche Medium wurde auch für Wachstums- und Laugungsversuche mit Bakterien verwendet. Die Pilzisolate wurden später in Malzextrakt-Medium (Merck 5397) und auf Malzextrakt/Cornsteep-Agar (Merck 13840) kultiviert.
Außer den Eigenisolaten wurden folgende Bakterien- und Pilzstämme aus der Deutschen Sammlung von Mikroorganismen verwendet: *Bacillus circulans* DSM 11, *Micrococcus luteus* DSM 20030, *Pseudomonas „extorquens“* DSM 1337, *Pseudomonas fluorescens*

DSM 50090, *Pseudomonas „oxalaticus"* DSM 1105, *Aspergillus niger* DSM 821, *Aspergillus niger* DSM 823, *Penicillium simplicissimum* DSM 62867.
Säurebildung wurde anhand von pH-Indikatorplatten geprüft. Als Indikator wurde Phenolrot verwendet. Wachstum und Vermehrung wurden im einfachsten Fall durch potentiometrische pH-Messung verfolgt. Weitere Bezugsgrößen bei Bakterienkulturen waren Zellzahl und optische Dichte. Bei Pilzen wurde das Wachstum qualitativ anhand der Myzelbildung verfolgt. In einigen speziellen Fällen wurden Trockengewichtsbestimmungen durchgeführt.

Laugungsverfahren

Die Laugungsversuche wurden mit feinkörnigem Material (Korngröße $< 300\,\mu m$) im Suspensionsverfahren bei 30 °C in Erlenmeyerkolben auf Rundschüttlern bei 150 Umdrehungen/Minute durchgeführt. Das Untersuchungsmaterial war zuvor 45 Minuten bei 121 °C im Autoklaven sterilisiert worden. Bei Laugung mit Pilzen wurde das Medium nach DUFF [6] verwendet. In zeitlichen Abständen wurden Proben für pH-Messung und chemische Analysen entnommen. Verdunstungsverluste wurden vor Probennahme durch Zugabe von sterilem destillierten Wasser ausgeglichen. Probenvolumina wurden durch frisches Nährmedium ersetzt.

Chemische Analytik

Die Laugungssuspension wurde 30 Minuten bei $11000 \times g$ zentrifugiert und im Überstand der Metallgehalt durch Atomabsorptionsspektroskopie bestimmt. Die Metallgehalte in den Festproben wurden durch Röntgenfluoreszenzanalyse ermittelt. Die Identifizierung der organischen Säuren erfolgte über Dünnschichtchromatographie auf Cellulose-Platten (MERCK 5716).

Ergebnisse und Diskussion

Mikrobiologische Untersuchungen

Isolierung von Mikroorganismen

Alle Anreicherungsversuche erwiesen sich als positiv und enthielten Bakterien unterschiedlicher Form und Größe, im wesentlichen Stäbchen und Sporenbildner. Pilze wurden ausschließlich in den oberflächennahen Verwitterungszonen nachgewiesen. Bis auf zwei nicht sporulierende Isolierungen wurden alle Pilzkulturen (11 Isolate) der Gattung *Penicillium* zugeordnet.

Nickeltoleranz

Die Toxizität von Nickel gegenüber Mikroorganismen ist wiederholt beschrieben worden [18—19] und wurde in den vorliegenden Untersuchungen bestätigt. Bei 8 von 13 für Laugungszwecke ausgewählten Bakterienstämmen lagen die natürlichen Toleranzgrenzen unter 100 ppm Ni, vier Stämme wuchsen noch bei 125 ppm Ni, und nur ein Stamm war auch bei 400 ppm Ni noch wachstumsfähig.
Wesentlich bessere Ergebnisse liegen bei den Pilzisolierungen vor. Bei sieben von 20 getesteten Pilzstämmen, die vorwiegend aus Nickellateritproben isoliert waren, lagen die natürlichen Toleranzgrenzen zwischen 1000 und 1500 ppm Ni; 11 Isolierungen wuchsen ohne vorherige Anpassung bei Nickelkonzentrationen bis zu 500 ppm. Durch

Tab. 2. Laugung von lateritischem Nickelerz (Ni 6, Neukaledonien) mit organischen Säuren
Korngröße: < 300 μm, Feststoffanteil; 10 g/100 ml, Versuchsdauer: 15 Tage

org. Säure	0,05 molar			0,25 molar			0,5 molar		
	pH	Ni-Gehalt ppm[1]	Ni-Ausbeute %	pH	Ni-Gehalt ppm[1]	Ni-Ausbeute %	pH	Ni-Gehalt ppm[1]	Ni-Ausbeute %
Essigsäure	3,7—4,6	136	4,3	3,0—3,9	242	7,8	2,7—3,[illegible]	286	9,1
Glykolsäure	2,9—6,1	221	7,1	2,3—4,2	621	19,8	2,1—4,2	984	31,4
Milchsäure	2,9—5,0	183	5,9	2,3—4,5	515	16,4	2,0—4,5	908	29,0
Gluconsäure	3,3—5,7	93	3,0	2,3—5,3	563	18,0	2,1—4,1	958	30,6
2-oxo-D-Gluconsäure	6,0—5,8	20	0,6						
Oxalsäure	1,6—6,0	1,4	0,05				0,7—4,1	0,5	0,02
Oxalessigsäure	2,3—5,3	222	7,1						
Weinsäure	2,5—6,8	2,6	0,1				1,4—6,0	69	2,2
2-oxo-ketoglutarsäure	2,2—5,2	84	2,7						
Citronensäure	2,4—6,6	550	17,6	1,9—6,3	1364	43,6	1,6—4,7	2186	69,8
Alanin	6,8—7,7	32	1,0				5,3—5,3	186	6,0
Asparaginsäure	3,1—5,4	245	7,8	3,1—4,9[2]	212	6,8			
Salicylsäure	2,7—5,1	111	3,6				2,1—3,5[2]	535	17,1
Tannin	4,8—6,6	19	0,6				3,7—5,6	54	1,7
Ethylendiamintetraessigsäure (EDTA)	4,6—7,6	532	17,0	4,4—6,9	967	30,9			
Schwefelsäure	1,4—4,9	439	14,0	0,7—4,8	1030	32,9	0,3—2,5	1880	60,1
aqua dest.	7,0—7,5	0,5	0,02						

[1] in der Laugungsflüssigkeit (Meßwerte); [2] gesättigte Lösung

allmählich ansteigende Nickelkonzentrationen konnten einzelne Pilzstämme an höhere Ni-Gehalte adaptiert werden. *Penicillium simplicissimum* wächst inzwischen bei 1200 ppm Ni, *P.6* sogar bei 25000 ppm Ni.

Nickellaugung

Chemische Laugung mit organischen Säuren

In einer Reihe von Vorversuchen wurde zunächst geprüft, welche organischen Säuren für eine Mobilisierung von Nickel aus lateritischen Erzen in Frage kommen. Die Untersuchungen wurden mit Silikaterz aus Neukaledonien (Ni 6) durchgeführt. Die Ergebnisse sind in Tab. 2 zusammengestellt.
Es zeigte sich, daß Hydroxy-Carbonsäuren besonders wirksam sind. Mit 0,5 molarer Citronensäure wurden in 15 Tagen 70% des Nickels extrahiert. Bei Vergleichsansätzen mit 0,5 M Schwefelsäure gingen bei wesentlich niedrigeren pH-Werten nur 60% des Nickels in Lösung. Ausgehend von den Ergebnissen der chemischen Laugung mit verschiedenen organischen Säuren wurden anschließend alle in Tab. 1 aufgeführten Lateriterze unter analogen Versuchsbedingungen einer Laugung mit 0,5 molarer Citronensäure unterworfen. Dabei zeigten sich in Abhängigkeit vom Typ der Vererzung in bezug auf pH-Verlauf und Nickel-Extraktion deutliche Unterschiede (Abb. 1). Im Falle der limonitischen Erze (422, 423, 429) blieben die pH-Werte nahezu konstant und lagen unter 2, während bei den silikatischen Erzen (424—426, Ni 6) ein deutlicher Anstieg der pH-Werte zu verzeichnen war. Trotz der sauren Laugungsbedingungen ging bei den Limoniterzen aus Australien (423) und den Philippinen (429) nur wenig, bei dem Limoniterz

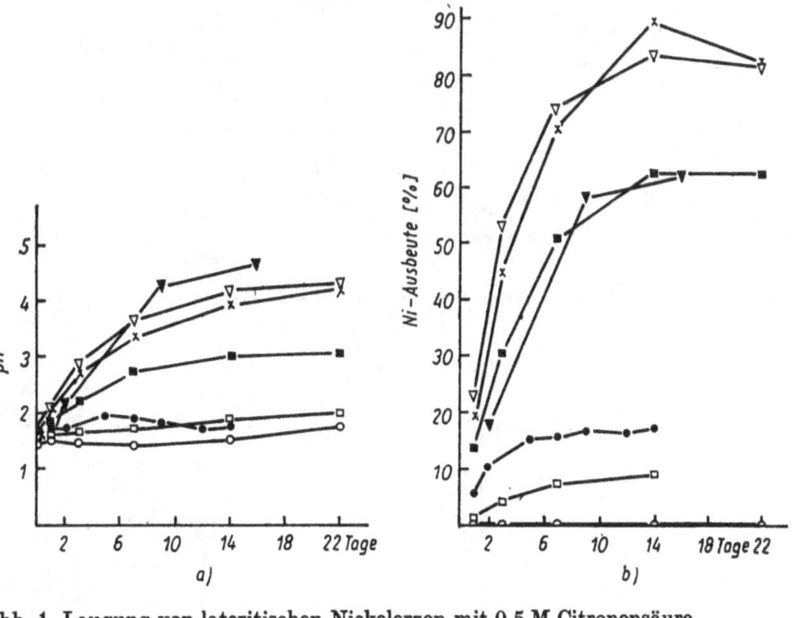

Abb. 1. Laugung von lateritischen Nickelerzen mit 0,5 M Citronensäure
Feststoffanteil: 10 g/100 ml

a) pH-Verlauf

○— 422
□— 423
■— 424
×— 425
▽— 426
●— 429

b) Nickelextraktion

▼— Ni 6

aus Neukaledonien (422) praktisch kein Nickel in Lösung. Aus den silikatischen Erzen wurden hingegen bis zu 90% des Nickels extrahiert. Bemerkenswert ist das unterschiedliche Laugungsverhalten der beiden silikatischen Erzproben aus Brasilien (424 und 426). pH-Verlauf und Nickellaugung lassen vermuten, daß die Probe 424 hinsichtlich der Vererzung eine Übergangsform zwischen Silikaterz und Limoniterz darstellt. In der Tat war bei mikroskopischer Betrachtung der Probe 424 eine bereits z. T. weit fortgeschrittene Limonitisierung festgestellt worden.

Mikrobielle Laugung

Für Laugungsversuche mit Bakterien wurden in erster Linie Stämme mit guter Säurebildung ausgewählt. Später wurden auch die sogenannten „Silikatabbauer" hinsichtlich ihrer Fähigkeit zur Mobilisierung von Nickel getestet. Wegen der geringen Nickelaus-

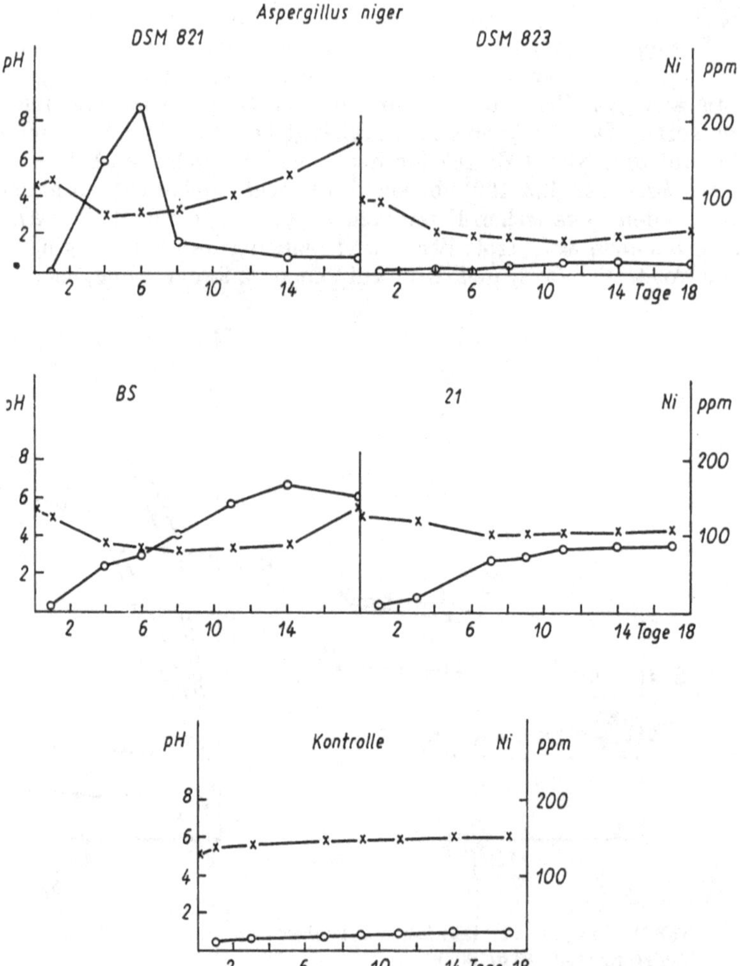

Abb. 2. Laugung von lateritischem Nickelerz (424) mit *Aspergillus niger*. pH-Verlauf (×—) und Nickelgehalte (○—) in der Laugungsflüssigkeit. Feststoffanteil: 5 g/100 ml

beuten (< 10%), der hohen Nickelempfindlichkeit und wegen der unbefriedigenden Ergebnisse bei Adaptationsversuchen wurden die Untersuchungen mit heterotrophen Bakterien zunächst einmal nicht weitergeführt.

Die Laugung von Metallen mit Pilzen ist mehrfach beschrieben worden. Wirksam waren *Aspergillus*- und *Penicillium*-Arten, die zu einer Mobilisierung von Kupfer, Aluminium, Titan, Uran und Mangan führten [11—17].

Auf der Suche nach Nickel laugenden Pilzen wurden 14 permanent Säure bildende Stämme aus unserer Sammlung ausgewählt und im Laugungsexperiment getestet.

Die Untersuchungen zur Nickellaugung mit *A. niger* verliefen bisher sehr unterschiedlich (Abb. 2) und lassen noch keine eindeutigen Aussagen zu. Vermutungen, daß in Lösung gegangenes Nickel durch Einwirkung des Pilzes sekundär wieder gebunden wird, haben sich inzwischen bestätigt.

Versuche zur Optimierung der Nickellaugung wurden vorrangig mit *Penicillium P.6* durchgeführt. Dabei erwiesen sich Schüttelkulturen als sehr viel wirksamer als Standkulturen. Der Einfluß des pH-Wertes auf Art und Menge der Säurebildung ist mehrfach beschrieben worden [11, 12, 22]. In unseren Versuchen wurde der Anfangs-pH-Wert in der Laugungsflüssigkeit zwischen 3 und 8 variiert, wobei sich ein Bereich von pH 3—5 als am günstigsten erwies.

Der Einfluß der Substratkonzentration wurde unter Verwendung des Nährmediums nach Duff et al. [6] untersucht, wobei die Glucosekonzentrationen zwischen 2 und 8% variiert wurden. Der Anfangs-pH-Wert wurde auf 4,8 eingestellt (Abb. 3, 4). Eine Erhöhung der Glucosekonzentration hatte eine Verlängerung der Säurephase und einen Anstieg der Nickelextraktion zur Folge. Mit 2% Glucose wurden in 25 Tagen 5,4% Nickel, mit 8% Glucose im gleichen Zeitraum 49% Nickel extrahiert. In der Sterilkontrolle mit 4% Glucose wurden lediglich 3% des Nickels gelaugt.

Bei Verwendung von Submersverfahren ist die Wirksamkeit der mikrobiellen Laugung u. a. abhängig von der Menge des eingesetzten Materials. In Schüttelkulturen wurden

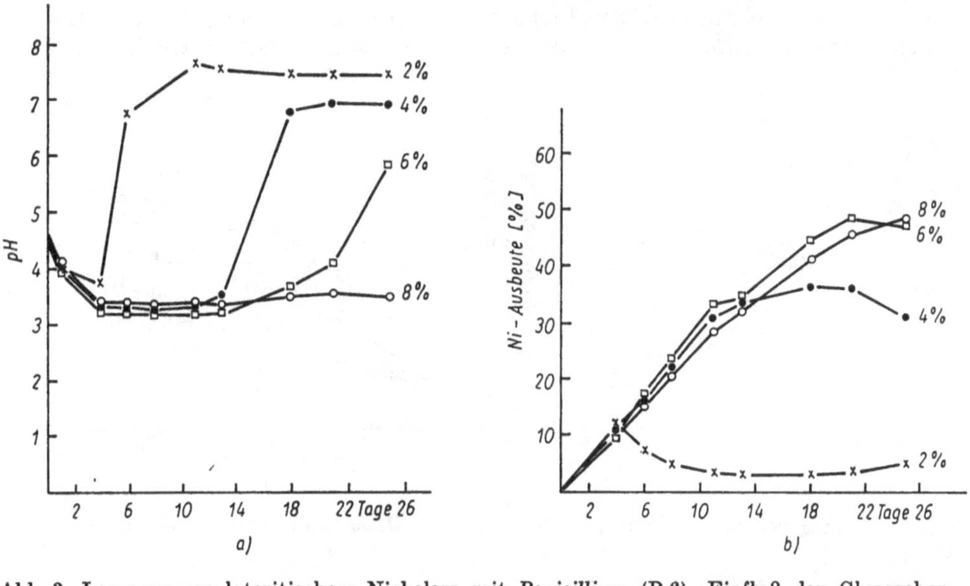

Abb. 3. Laugung von lateritischem Nickelerz mit *Penicillium* (P.6). Einfluß der Glucosekonzentration

Erz: Probe 424, Feststoffanteil: 5 g/100 ml

a) pH-Verlauf b) Nickelextraktion

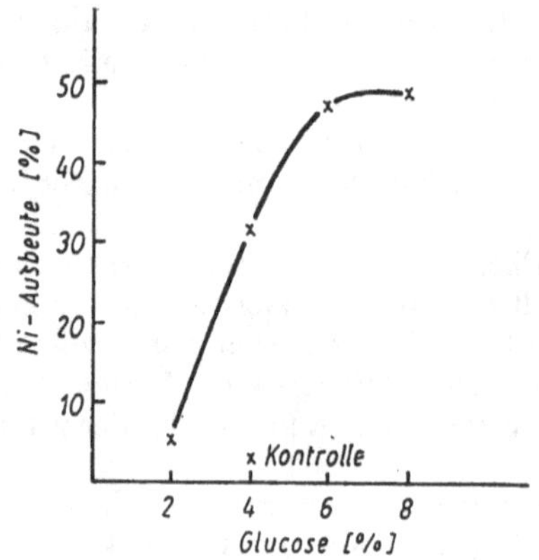

Abb. 4 Nickelausbeuten nach Laugung von lateritischem Nickelerz mit *Penicillium* (P.6)
Einfluß der Substratkonzentration
Erz: Probe 424, Feststoffanteil: 5 g/100 ml

Laugungsversuche mit Feststoffanteilen zwischen 5 und 20 g/100 ml Laugungsflüssigkeit (Basalmedium mit 8% Glucose) durchgeführt. pH-Verlauf und Nickellaugung sind in Abb. 5 wiedergegeben.

In Analogie zur rein chemischen Laugung mit Citronensäure wurden alle bisher getesteten lateritischen Erze mit *P.6* inkubiert. Der Feststoffanteil betrug 5 g/100 ml, die Glucosekonzentration 8%. Die Ergebnisse sind in Abb. 6 graphisch dargestellt. Ein Vergleich der pH-Kurven zeigt keine Beeinträchtigung der Säurebildung in Gegenwart der Limoniterze (422, 423, 429). Bei den silikatischen Erzen 425 und 426 kommt es nach anfänglich starkem pH-Abfall zu einem leichten Ansteigen der pH-Werte, wobei sich schließlich Werte zwischen 4 und 5 einstellen. Die Probe 424 nimmt hinsichtlich des pH-Verlaufes wie schon früher beobachtet (Abb. 1) eine Mittelstellung zwischen den Limoniterzen und den Silikaterzen ein.

Ein Vergleich der Nickelausbeuten macht deutlich, in welch starkem Maße die Ni-Extraktion vom Erztyp abhängig ist. Aus Limoniterzen wird nur sehr wenig Nickel in Lösung gebracht. Aber auch Eisen und Magnesium scheinen ziemlich fest im Kristallgitter ge-

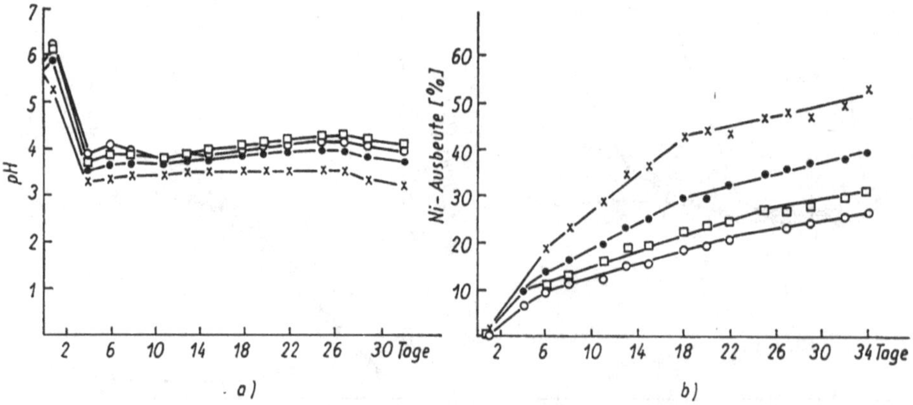

Abb. 5. Laugung von lateritischem Nickelerz mit *Penicillium* (P.6) im Basalmedium mit 8% Glucose
Einfluß der Feststoffkonzentration
Erz: 424 a) pH-Verlauf b) Nickelextraktion
×— 5 g/100 ml
●— 10 g/100 ml
□— 15 g/100 ml
○— 20 g/100 ml

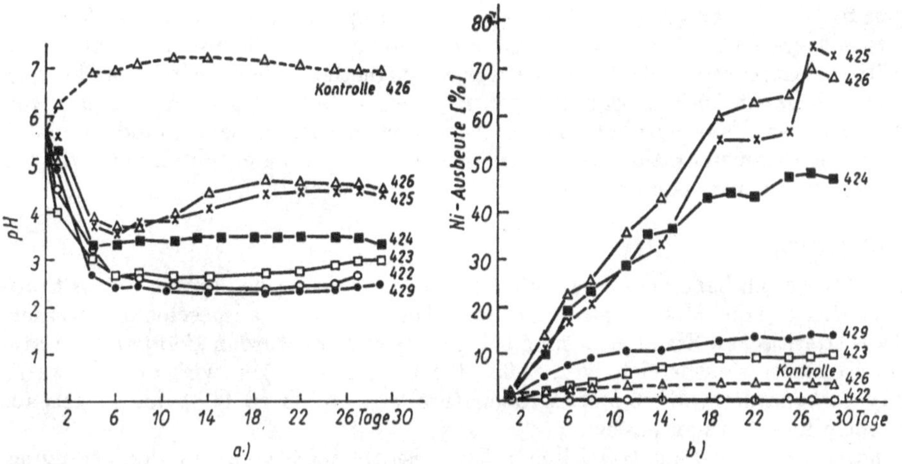

Abb. 6. Laugung von lateritischen Nickelerzen mit *Penicillium* (P.6) im Basalmedium mit 8% Glucose

Feststoffanteil: 5 g/100 ml

a) pH-Verlauf b) Nickelextraktion

bunden zu sein, da trotz niedriger pH-Werte und trotz des dünnschicht-chromatographischen Nachweises von Citronensäure praktisch keine Mobilisierung erfolgt (Tab. 3). Auch untereinander zeigen die Limoniterze deutliche Unterschiede. Mit *P.6* wurden aus Probe 429 immerhin 14% des Nickels extrahiert, während bei Laugung der Probe 422 Nickel nur in Spuren nachgewiesen werden konnte. Aus silikatischen Erzen wurden durch biologische Säureproduktion mit *P.6* innerhalb von 30 Tagen bis zu 72% des Nickels extrahiert. In der Anfangsphase unterscheiden sich die drei Silikaterze (424, 425, 426) bezüglich der Nickellaugung nicht wesentlich, bei Versuchsabbruch wurde jedoch bei Probe 424 eine deutlich geringere Nickelausbeute ermittelt (48%). Auch Eisen ging weniger stark in Lösung, während die Magnesiumausbeute denen aus den anderen Silikaterzen entsprach.

Tab. 3. Laugung von lateritischen Nickelerzen mit *Penicillium* (P.6)
Feststoffanteil: 5 g/100 ml; Versuchsdauer: 29 Tage

Erztyp	Probe	pH		Nickel		Eisen		Magnesium	
		Anfang	Ende	ppm	%	ppm	%	ppm	%
Limonit	422	5,6	2,7	0,3	0,0	34	0,1	0,5	0,5
Limonit	423	5,3	3,0	71	10,1	93	0,4	45	14,5
Limonit	429	5,9	2,5	81	14,1	274	1,2	7	2,8
Silikat	424	5,6	3,4	380	48,0	930	15,7	1500	50,0
Silikat	425	5,7	4,5	640	72,8	1135	33,3	5310	52,8
Silikat	426	5,8	4,5	756	70,3	1670	33,0	5140	56,5
Steril-	422	5,4	4,8	0,1	0,0	0,1	0,0	3,1	3,4
Kontrollen	423	5,2	5,5	5	0,6	24	0,1	31	9,8
	429	5,8	5,7	6	1,1	0,3	0,0	2,7	1,1
	424	5,4	6,3	30	4,0	0,7	0,1	50	1,9
	425	5,5	7,1	43	4,9	0,1	0,0	114	1,1
	426	5,8	6,9	42	4,0	0,4	0,0	89	1,0

Die Laugung der Lateriterze durch biologische Säureproduktion mit *Penicillium P.6* führte zu geringeren Nickelausbeuten als die ausschließlich chemische Laugung mit 0,5 M Citronensäure (vgl. Abb. 1). Bisher war es aus methodischen Gründen nicht möglich, exakte Angaben über die Säurekonzentrationen in den biologischen Laugungsversuchen zu machen. Es liegen aber Näherungsmessungen vor, die darauf hindeuten, daß die Citronensäurekonzentration im biologischen Laugungsversuch mindestens um den Faktor 10 geringer war als im chemischen Laugungstest.

Zusammenfassung

Die Untersuchungen haben ergeben, daß verschiedene organische Säuren, die als Stoffwechselprodukte von Mikroorganismen ins Kulturmedium ausgeschieden werden, Nickel aus lateritischen Erzen in Lösung bringen. Insgesamt wurden 15 organische Säuren im Konzentrationsbereich von 0,05—0,5 M getestet. Am wirksamsten waren Hydroxy-Carbonsäuren. Mit 0,5 M Citronensäure wurden bis zu 90% des Nickels aus silikatischem Lateriterz extrahiert.

Die Laugung von Nickel aus lateritischen Erzen ist abhängig vom Typ der Vererzung. Bei vollständiger Limonitisierung sind Nickel und Eisen, z. T. auch Magnesium, offenbar so fest im Kristallgitter gebunden, daß keine Mobilisierung dieser Elemente erfolgte.

Ziel der Untersuchungen war es, zu prüfen, ob heterotrophe Mikroorganismen zur Extraktion von Nickel aus lateritischen Erzen eingesetzt werden können. Im Falle der silikatischen Nickelerze erscheint dieser Weg grundsätzlich gangbar. Die von uns getesteten Bakterien, darunter die als „Silikatabbauer" bekannten Stämme und selbst die aus lateritischen Verwitterungsbiotopen isolierten Bakterienstämme scheinen jedoch wegen ihrer hohen Nickelempfindlichkeit und wegen der geringen Erfolge bei Ni-Adaptationsversuchen für eine Nickellaugung nicht geeignet zu sein.

Nach dem gegenwärtigen Kenntnisstand wird hingegen den Citronensäurebildnern unter den Mikroorganismen, soweit sie nickeltolerant sind, große Bedeutung beigemessen.

Aspergillus niger, obwohl industriell zur Citronensäureherstellung verwendet, erwies sich wegen seiner hohen Nickelempfindlichkeit und wegen des Phänomens der Nickelakkumulation als wenig geeignet. Denkbar wäre die Anwendung eines 2-Stufen-Verfahrens, in dem Citronensäurebildung und Nickellaugung als separate Prozesse durchgeführt werden.

Die Ergebnisse der Laugungsversuche mit *Penicillium* lassen hingegen vermuten, daß der unmittelbare Laugungsprozeß wirksamer ist. So wurden nach Verbesserung der Laugungsbedingungen mit *Penicillium* bei wesentlich geringeren Citronensäurekonzentrationen als bei chemischer Laugung bereits Nickelausbeuten von 70% erreicht. Es ist sehr wahrscheinlich, wenn auch in unseren Versuchen noch nicht hinreichend nachgewiesen, daß neben Citronensäure zusätzlich oder auch nachfolgend andere, noch nicht erfaßte laugungsaktive Substanzen in das Medium abgegeben werden, wodurch die Nickelextraktion intensiviert wird.

Zur Erzielung hoher Nickelausbeuten mußte zumindest vorläufig von billigen Nährsubstanzen wie Melasse abgegangen und die wesentlich teurere Glucose verwendet werden. Das dürfte das Verfahren zwar gegenwärtig noch aus Kostengründen von einer praktischen Anwendung ausschließen, doch wurde immerhin gezeigt, daß eine mikrobielle Laugung lateritischer Erze möglich und der Anfang einer erfolgversprechenden Entwicklung gegeben ist.

Ausblick:

Wenn auch gegenwärtig noch von rückläufigen Nickel-Produktionszahlen ausgegangen werden muß, so werden lateritische Nickelvorkommen auf lange Sicht zunehmende Bedeutung für die zukünftige Nickelversorgung erlangen, insbesondere weil etwa 80%

der z. Z. bekannten Nickelvorräte an lateritische Erztypen gebunden sind. Ziel weiterer Untersuchungen sollte es daher sein, die Wechselwirkung zwischen biologischer Säureproduktion und Lateritlaugung intensiver zu analysieren. Die Suche nach Hochleistungsstämmen, die zudem eine hohe Nickeltoleranz aufweisen, sollte fortgeführt werden. „Silikatabbauende" Bakterien, obwohl wegen ihrer Nickelempfindlichkeit bisher wenig erfolgreich, sollten erneut in die Untersuchungen einbezogen werden.

Von wesentlicher Bedeutung ist das Auffinden billiger Nährsubstrate für das Wachstum säurebildender, laugungsaktiver Mikroorganismen, da hiervon eine später zu erstellende Kosten-Nutzen-Analyse ganz wesentlich beeinflußt wird. Insbesondere wird an die Verwendung umweltbelastender organischer Abfallprodukte (Sulfitablaugen, Rückstände aus der Lebensmittel- und Getränkeindustrie), an Melasse und auch an Kohlenwasserstoff-haltige Substrate gedacht.

Neben der Gewinnung von Nickel sollte die Mobilisierung weiterer Begleitmetalle (Aluminium, Eisen, Chrom, Titan) verfolgt werden, in der Hoffnung, generelle Ansatzpunkte für eine bio-technische Gewinnung von Wertmetallen aus silikatischen Rohstoffen und Rückstandsprodukten zu erarbeiten.

Eingegangen: 16. 12. 1986

Literatur

[1] Karavaiko, G. I., Kuznetsov, S. I., Golonizik, A. I.: The bacterial leaching of metals from ores, Technology Ltd., Stonehouse England, 1977.
[2] Torma, A. E.: Adv. Biochem. Eng. **6** (1977) 1.
[3] Bosecker, K.: P. Präve, U. Faust, W. Sittig und D. A. Sukatsch (Eds.), Handbuch der Biotechnologie, Akademische Verlagsgesellschaft, Wiesbaden, 1982, pp. 535–553.
[4] Brierley, C. L.: Spektr. Wissenschaft, **10** (1982), 44.
[5] Eresen, N., Kammel, R.: Erzmetall **30** (1977), 516.
[6] Duff, R. B., Webley, D. M., Scott, R. O.: Soil Sci. **95** (1963), 105.
[7] Henderson, M. E. K., Duff, R. B.: J. Soil Sci. **14** (1963), 236.
[8] Wagner, M., Schwartz, W.: Z. Allgem. Mikrobiol. **7** (1967), 33.
[9] Berthelin, J.: Science du Sol **1** (1977), 13.
[10] Eckhardt, F. E. W.: Zeitschrift Pflanzenernährung Bodenkunde **142** (1979), 434.
[11] Metha, A. P., Torma, A. E., Murr, L. E.: Biotechn. Bioeng. **21** (1979), 875.
[12] Groudev, S. N., Genchev, P. N., Groudeva, V. J.: Use of microorganisms for recovery of aluminium from alumino silicates. Achievements and prospects, Internat. Symp. "Alumina Production Until 2000", Tihany, Hungary, Oct. 6–9, 1981.
[13] Hartmannova, V., Kuhr, I.: Rudy 22, **8** (1974), 234.
[14] Kiel, H.: W. Schwartz (Ed.), Conference Bacterial Leaching, Verlag Chemie, Weinheim 1977, pp. 261–270.
[15] Kiel, H., Schwartz, W.: Z. Allgem. Mikrobiol. **20** (1980), 627.
[16] Ehrlich, H. L.: P. A. Trudinger, M. R. Walter and B. J. Ralph (Eds.), Biogeochemistry of Ancient and Modern Environment. Springer Verlag, Berlin, 1980, pp. 609–614.
[17] Silverman, M. P., Munoz, E. F.: Appl. Environ. Microbiol. **22** (1971) 923.
[18] Avakyan, Z. A.: Microbiol., Vol. 2, Biology Series (1974) 3.
[19] Kaltwasser, H., Frings, W.: J. O. Nriagu (Ed.), Nickel in the Environment, John Wiley & Sons, Inc., 1980, pp. 463–491.
[20] Silverman, M. P., Ehrlich, H. L.: W. W. Umbreit (Ed.), Advances in Applied Microbiology, Vol. 6, Academic Press, New York, 1964, pp. 153–206.
[21] Schlegel, H. G.: Allgemeine Mikrobiologie, Georg Thieme Verlag, Stuttgart, 1981, 318 pp.
[22] Crueger, W., Crueger, A.: Lehrbuch der Angewandten Mikrobiologie, Akademische Verlagsgesellschaft, Wiesbaden, 1982, 108 pp.
[23] Schwartz, W., Näveke, R.: Metall **34** (1980), 847.

Acta Biotechnol. 7 (1987) 5, 400

Obituary

James E. Zajic

Member of the Editorial Board

It is with a sense of loss and sadness that we report to you the death of Dr. James E. Zajic on Tuesday, March 24, 1987. At the time of his death, Dr. Zajic was Professor of Biology and Geology at The University of Texas at El Paso. He was also President of Petroleum BioResources, Inc. in El Paso, Texas.

Dr. James E. Zajic came to U.T. El Paso when he was named Dean of the College of Science, January 1, 1980. He had been Professor in both the Departments of Engineering Science, and Science and Medicine at The University of Western Ontario in London, Ontario, Canada, where he served as Chairman of the Graduate Division and Assistant Dean of Graduate Affairs in Engineering Science. He also had broad experience in Industry as a Microbiologist where he was manager of Biochemical Engineering at Kerr McGee and Senior Scientist at Grain Processing Corporation. At U.T. El Paso, he continued his research while serving as Dean. He later left the Deanship to devote full time to his research and teaching.

Dr. Zajic was born in Wichita, Kansas, March 8, 1928. He earned his Bachelor of Arts degree in Bacteriology and Chemistry from The University of Kansas in 1951, his Master of Science in Bacteriology and Soils from The University of Wisconsin in 1953, his Doctorate in Microbiology and Biochemistry from The University of California in 1956, and a Doctorate of Law from Oklahoma City University in 1967. Dr. Zajic also did post-doctoral work at the Argonne National Laboratory in 1957.

Dr. Zajic belonged to several scientific and professional societies. His honors and awards included: Fellow of The Chemical Institute of Canada and recipient of the John Labatt Award. He had over 20 patents and had published 150 books and articles in scientific journals. Dr. Zajic was a popular and effective teacher and a role model for all of his 38 graduate and post-doctoral students. All these qualifications allowed him to sit on the Editorial Boards of several prestigious Journals. We had the honour to have Dr. Zajic with us as an efficient advisor since the foundation of our scientific journal.

Dr. Zajic's untimely passing has deprived us all; we lost a colleague, we lost a friend. He was hardworking with a committment to excellence and made many contributions towards the advancement of this field.

The University of Texas at El Paso has established the Dr. J. E. Zajic Memorial Scholarship Fund in recognition of his contribution.

We shell always honour his memory.

Manfred Ringpfeil, Günther Vetterlein

Acta Biotechnol. 7 (1987) 5, 401–407

Organoheterotrophe Laugung resistenter Materialien

Iske, U., Bullmann, M., Glombitza, F.

Akademie der Wissenschaften der DDR
Institut für Biotechnologie
Permoserstr. 15, Leipzig, 7050

Summary

Leaching processes can be classified in chemolithotrophic and organoheterotrophic mechanisms. In the case of chemolithotrophic leaching sulphide minerals, elemental sulphur, ferrous iron and a number of different reduced metals will be oxidized in a solution containing sulphuric acid of bacterial and/or chemical origin.
Organoheterotrophic leaching however is connected with the accumulation of microbial metabolites such as organic acids, proteins, peptides and polysaccharides, which are capable to disintegrate ores, minerals or industrial wastes through dissolution, formation of complexes or chelates.
Whereas at the present time chemolithotrophic leaching processes are in operation in industrial scale for the winning of copper, uranium and some other special metals, organoheterotrophic processes, their problems and technical applications are still under study.
Therefore problems of organoheterotrophic leaching of chemical high resistant materials such as phosphorus furnace slag and zircon from the Baltic shield have been investigated with regard to possible technical applications for the winning of rare earth elements (REE) and other precious metals.
Using a strain of *Acetobacter methanolicus* which is able to accumulate large amounts of gluconic acid on the basis of glucose or glucose containing by-products, leaching effects up to 90% of REE could be realized in the case of phosphorus furnace slag and up to 45% in the case of zircon.

Einleitung

Die zunehmende Erschöpfung der Reserven an nichtregenerierbaren Rohstoffen macht es erforderlich, neue Rohstoffquellen zu erschließen, bereits vorhandene Vorkommen intensiver zu nutzen sowie durch geschlossene Kreisläufe die Materialverbräuche zu minimieren.
Mikrobielle Laugungs- und Sorptionsprozesse bieten bei der Gewinnung von speziellen Metallen aus Armerzen, Abprodukten und metallhaltigen wäßrigen Lösungen neue Möglichkeiten für zukünftige Technologien.
Sowohl organoheterotrophe als auch lithoautotrophe Mikroorganismen sind in der Lage, Erze, silikatische Mineralien und Gesteine sowie industrielle Ab- und Zwischenprodukte teilweise oder vollständig zu zersetzen [1, 2, 3, 4].
Als laugungsaktive Agentien werden neben Mineralsäuren (Salpetersäure bei der Nitrifikation, Schwefelsäure bei Laugung mit *Thiobazillus* Arten) vor allem organische

Säuren und Stoffwechselprodukte (z. B. Oxal-, Glucon- und Zitronensäure, Polysaccharide und Aminosäuren) nachgewiesen.
Während die Wirksamkeit organoheterotropher Mikroorganismen auf der Bildung metallorganischer Komplexe und Chelate mit geeigneten Kationen des Kristallgitters der Laugungsmaterialien beruht, überführen lithoautotrophe Organismen durch spezielle Oxidationsreaktionen schwerlösliche Metallsulfide in lösliche Sulfate.
Industrielle Verfahren zur Gewinnung von Kupfer, Uran und Metallen wie Nickel, Kobalt und Mangan auf der Basis lithoautotropher Laugungsmechanismen sind bereits seit Jahren realisiert und tragen in den USA, Kanada und in der VR Bulgarien in beträchtlichem Maße zur Produktion bei.
Organoheterotrophe Laugungsverfahren — vor allem bei Einsatz chemisch resistenter Materialien — befinden sich dagegen noch im Stadium der Entwicklung.
Am Beispiel von Phosphorofenschlacke (POS), einem stark kalziumhaltigen Abprodukt der Phosphor- bzw. Düngemittelproduktion sowie von Zirkon, neben Granat, Hornblende, Rutil und Monazit, einem Bestandteil der Schwermineralseifen des Ostseesandes, wurden Untersuchungen zur Möglichkeit einer organoheterotrophen Laugung mit dem Ziel der Gewinnung volkswirtschaftlich bedeutsamer Inhaltsstoffe unter besonderer Berücksichtigung der Seltenen Erdelemente (SEE) durchgeführt.

Material und Methoden

Analyse der Laugungsmaterialien

Die Analyse der Laugungsmaterialien erfolgte mittels der Funkenquellen-Massenspektrometrie. Ein von Dietze und Becker für geologisches Probenmaterial entwickeltes Analysenverfahren [5] wurde für die Untersuchung der biologischen Proben variiert und erprobt [6].
Die massenspektrographischen Analysenergebnisse des Zirkons und der Phosphorofenschlacke sind in Tab. 1 und 2 zusammengefaßt.

Tab. 1. Massenspektrographische Analyse des Zirkons ($ZrSiO_4$)

		[%]			[ppm]	
SEE	La–Lu	0,29	0,73	La	145	
	Y	0,44		Ce	330	
	Ti	2,9		Pr	50	
	Hf	1,7		Nd	220	29,4%
	Na	0,1		Sm	85	
	Al	0,9		Eu	18	
	P	0,2		Gd	115	
	Fe	0,1		Tb	30	
	K	0,2		Dy	310	
	Ca	0,2		Ho	100	
	Nb	0,1		Er	420	
	Zr	~45		Tm	90	70,6%
	Si	40		Yb	860	
		[ppm]		Lu	115	
	W	124				
	Th	170				
	U	160				

Tab. 2. Massenspektrographische Analyse der Phosphorofenschlacke ($CaSiO_3 \cdot 1/3\ CaF_2$)

	[%]	SEE = 100%		
SEE	0,7	La_2O_3	22,3	
CaO	45,0	CeO_2	44,6	
SiO_2	41,0	Pr_6O_{11}	1,7	
F	2,9	Nd_2O_3	16,7	88,1%
Al_2O_3	3,5	Sm_2O_3	1,1	
Fe_2O_3	0,4	Eu_2O_3	1,7	
P_2O_5	1,0	Gd_2O_3	5,6	
K_2O	1,0	Tb_4O_7	0,17	
Na_2O	0,4	Dy_2O_3	2,2	
MgO	0,5	Er_2O_3	1,7	11,9%
SO_3	0,5	Tm_2O_3	1,1	
MnO	0,2	Lu_2O_3	1,1	

Während POS und Zirkon mit durchschnittlich 0,7% eine gleiche Konzentration an SEE aufweisen, unterscheiden sich beide Laugungsmaterialien jedoch durch den Gehalt an weiteren Inhaltsstoffen wesentlich. So ist z. B. beim Zirkon der Gehalt an Hafnium (1,67%) und Titan (2,9%) von besonderem Interesse, während im Falle der POS der Strontiumanteil von ca. 2% von Bedeutung sein kann. Darüber hinaus ist bemerkenswert, daß der Anteil an leichten SEE (La—Eu) im Verhältnis zum Gesamtgehalt (La—Lu) im Falle der POS ca. 12% beträgt, während das Zirkon einen Gehalt von ca. 70% an den wirtschaftlich äußerst bedeutsamen schweren SEE aufweist.

Durchführung der organoheterotrophen Laugung

Aus der Vielzahl der laugungsaktiven Stoffwechselprodukte organoheterotroph lebender Mikroorganismen wurde für die Laugungsuntersuchungen Gluconsäure ausgewählt, die mittels eines acidophilen methylotrophen Hochleistungsstammes der Gattung *Acetobacter methanolicus* erzeugt werden kann. Dieser Bakterienstamm ist in der Lage, nach seiner unsterilen Anzucht auf Methanol als Substrat, Glucose mit hoher Effektivität zu Gluconsäure zu oxidieren, wobei Endkonzentrationen bis zu 300 g Säure/l erreichbar sind [7].

Die Laugungsversuche erfolgten in 500 ml Erlenmeyerkolben bei 32 °C auf einer Schüttelmaschine. Es wurden 3—5 g des jeweiligen Laugungsmaterials zu 100 ml einer 15%igen Glucoselösung gegeben und dieses Medium mit 0,5 g Biomasse (Trockengewicht) des Stammes *Acetobacter* angeimpft. Die vorgelegte Glucosemenge ermöglicht die Bildung von ca. 140 g Säure/l. Während des Laugungsprozesses wird die gebildete freie Säure durch Titration mit n/10 NaOH bestimmt. Nicht erfaßbar ist mit dieser Methode die bereits durch den Laugungsvorgang in Form von Gluconaten und/oder Metallchelatkomplexen gebundene Säure.

Ergebnisse

Aus einem Vergleich der Gluconsäurebildungskinetik mit und ohne Zusatz von Laugungsmaterialien ist bereits erkennbar, daß die mikrobiell erzeugte Gluconsäure sowohl bei Einsatz von Phosphorofenschlacke als auch bei Zirkon laugungsaktive Wirkung besitzt.

Während bei Abwesenheit der Laugungsmaterialien die Gluconsäurekonzentration nach der quantitativen Umsetzung der Glucose konstant bleibt, wird in Gegenwart des Zirkons und der Schlacke bereits im Stadium der Säurebildung ein Teil der Gluconsäure durch Bildung von Gluconaten und Metallchelatkomplexen gebunden, wobei die Gluconsäurebildung abhängig ist von der zugesetzten Menge an Laugungsmaterial (Abb. 1 und 2). Während bei Zusatz von 50 g POS/l die gebildete Gluconsäure fast quantitativ gebunden wird, verbleiben bei einer Konzentration von 20 g POS/l annähernd 85 g/l als freie Säure in Lösung.

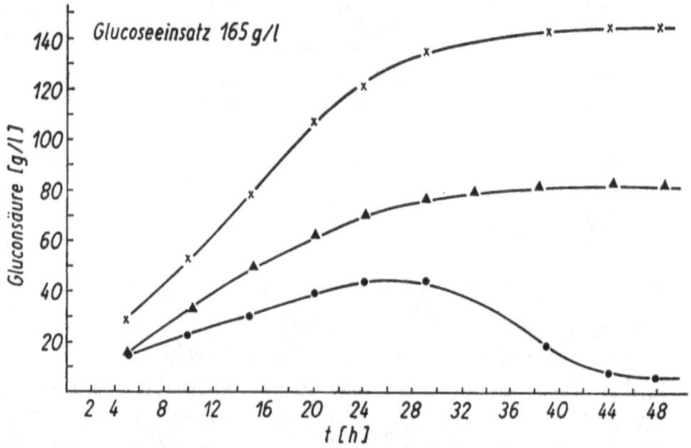

Abb. 1. Verlauf der Konzentration an freier Gluconsäure im Laugungsmedium bei verschiedenen POS-Konzentrationen
× — ohne Schlacke, ● — 50 g Schlacke/l, ▲ — 20 g Schlacke/l

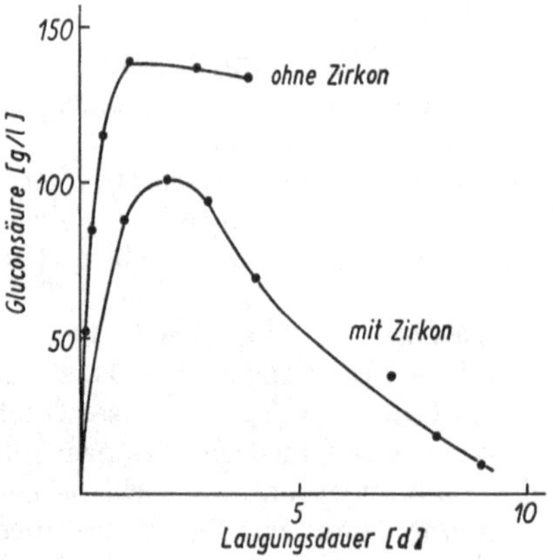

Abb. 2. Verlauf der Gluconsäure beim Aufschluß von Zirkon durch *Acetobacter methanolicus*

Aus der unterschiedlichen Geschwindigkeit der Laugungsprozesse ist erkennbar, daß zwischen Zirkon und POS ein wesentlicher Unterschied in der chemischen Resistenz und damit der Laugungsfähigkeit existiert. Während bei Zirkon sich der Laugungsprozeß über einen Zeitraum von ca. 10 Tagen erstreckt, ist im Falle der POS die Reaktion bereits nach etwa 40 Stunden abgeschlossen.

Zur Analyse der Laugungsprozesse wird die Fermentationslösung nach Abtrennen des Laugungsrückstandes in eine feste Phase, in der die Biomasse sowie bereits ausgefallene

Metallkomplexe bzw. Gluconate enthalten sind, und in die wäßrige Phase mit dem Hauptanteil der gelösten Komponenten getrennt. Beide Phasen werden bis zur Trockene eingeengt und im Niedrigtemperaturverfahren verascht.
Die Ergebnisse der massenspektrometrischen Analyse der Laugungskomponenten sind in den Tab. 3 und 4 zusammengefaßt. Als Maß für die mikrobielle Aktivität wurde die Laugungsintensität verwendet, definiert in Prozent gelaugte Komponente vom Einsatz. Es zeigt sich, daß im Falle der Laugung von POS die Gesamtmatrix mit höherer Effektivität gelaugt wird als z. B. die Seltenen Erdelemente. Das ist erklärbar durch die fast quantitative Bindung des Kalziumanteils als Kalziumgluconat sowie der gleichzeitigen Lösung größerer Anteile Silizium in Form von amorphem SiO_2. So werden beispielsweise bei Einsatz von 20 g POS/l 70% der eingesetzten Schlacke solubilisiert, während vergleichsweise nur 55% der SEE gelaugt werden. Durch Rückführung dieses SEE angereicherten Laugungsrückstandes kann die Laugungsintensität bezogen auf die SEE auf ca. 80% gesteigert werden.

Tab. 3. Organoheterotrophe Laugung von Phosphorofenschlacke (POS) mit *Acetobacter methanolicus, mögliche Gluconsäurekonzentration* 140 g/l

	Einsatz [g/l]	Rückstand [g/l]	Laugungsintensität [%]
POS	50	19,1	62
SEE	0,295	0,165	44
POS	20	6,0	70
SEE	0,108	0,049	55

Tab. 4. Organoheterotrophe Laugung von Zirkon mit *Acetobacter methanolicus* mögliche Gluconsäurekonzentration 140 g/l, Zirkoneinsatz 30 g/l

Vorbehandlung	Laugungsintensität [%]						
	SEE	Hf	Y	Th	U	Gesamt-matrix	Laugungs-dauer [h]
ungemahlen grobkristallin	10	6,7	2,9	28,2	25,0	5,3	240
ungemahlen feinkristallin	45	18,1	12,0	45,8	29,9	—	240
gemahlen Kugelmühle (24 h)	53,4	44,9	57,6	66,7	54,7	38,2	240
gemahlen Schwingmühle (3 min)	67,0	26,0	60,0	53,0	38,5	—	140

Im Vergleich zur POS zeigt Zirkon bei der organoheterotrophen Laugung auf Grund der besonderen Stabilität seiner kristallinen Matrix ein anderes Verhalten. Die Laugungsintensität des Gesamtminerals liegt in diesem Falle signifikant niedriger als die der verschiedenen Begleitkomponenten. So werden z. B. Hafnium, Thorium, Uran sowie die SEE mit wesentlich höherer Effektivität gelaugt. Diese Elemente, die verstärkt in Fehlstellen der Gitterstruktur des Minerals lokalisiert sind oder wie im Falle des Hafniums sich auf Grund des ähnlichen Ionenradius an Stelle von Zirkonium im Gitter

befinden, werden erwartungsgemäß von den laugungsaktiv wirkenden Agentien bevorzugt aus dem Kristallverband gelöst.
Wesentlichen Einfluß auf die Effektivität von Laugungsprozessen besitzt die Korngröße des Laugungsmaterials bzw. seine mechanische Vorbehandlung. So beträgt z. B. die Laugungsintensität der Gesamtzirkonmatrix von grobkristallinem Material 5,2%. Nach Behandlung des Minerals in einer Kugelmühle erhöht sich die Laugungsintensität auf 38,2%. Die Effektivität der SEE-Laugung kann von 10% bei grobkristallinem Material durch kurzzeitige Schwingmühlenbehandlung auf 67% bei gleichzeitiger signifikanter Reduzierung der Laugungsdauer gesteigert werden.
Viele Feststoffe, deren Bausteine durch starke Bindungskräfte zusammengehalten werden, erweisen sich als besonders reaktionsträge. Durch externe Energiezuführung in Form von Elektro-, Thermo-, Strahlungs- oder mechanische Energie wird die stabile Kristallstruktur derartiger Feststoffe gelockert bzw. gestört und somit die zur Reaktion erforderliche Aktivierungsenergie herabgesetzt. Die Ursache für die Steigerung der Laugungseffektivität nach mechanischer Vorbehandlung des hochresistenten Zirkoniumsilikates kann neben der Oberflächenvergrößerung auf Gitterstörungen der Kristallstruktur und eine damit verbundene Senkung der Aktivierungsenergie zurückgeführt werden.

Einfluß des biologischen Systems auf die Laugung

Durch die Untersuchungen zur Laugung von Phosphorofenschlacke und Zirkon mittels mikrobiell produzierter Gluconsäure konnte gezeigt werden, daß die Gluconsäure laugungsaktive Eigenschaften besitzt. Über die Wirkung und den Einfluß des biologischen

Tab. 5. Laugung in Gegenwart und Abwesenheit des mikrobiellen Systems

Material	Laugungsmedium	Mikroorganismus	Laugungsintensität [%] (SEE)
POS	Glucose	*Acetobacter methanolicus*	45
POS	Gluconsäure (140 g/l)	steril	10
Zirkon	Glucose	*Acetobacter methanolicus*	67
Zirkon	Gluconsäure (140 g/l)	steril	6,8

Systems beim Laugungsvorgang können jedoch keine Aussagen getroffen werden. Deshalb wurden unter Sterilbedingungen die Laugungsversuche wiederholt, wobei im Medium vergleichbare Säurekonzentrationen vorgegeben wurden. Die Ergebnisse sind in Tab. 5 zusammengestellt. Wie aus den Ergebnissen erkennbar ist, zeigt Gluconsäure bei Abwesenheit des biologischen Systems unter Sterilbedingungen überraschenderweise eine wesentlich geringere laugungsaktive Wirkung. Daraus ist abzuleiten, daß neben der Säurewirkung Stoffwechselaktivitäten der Mikroorganismenpopulation während des Produktbildungsprozesses einen signifikanten Einfluß auf den Laugungsprozeß besitzen.

Eingegangen: 10. 11. 1986

Literatur

[1] Wolf, G.: Neue Bergbautechnik **5** (1975), 303.
[2] Präve, P., Faust, U., Sittig, W., Sukatsch, D. A.: Handbuch der Biotechnologie Akademische Verlagsgesellschaft — Wiesbaden (1982).
[3] Eckhardt, F. E. W.: Z. Pflanzenernährung Bodenkunde **142** (1979), 434.
[4] Teh, G. H., Schwartz, W., Amschütz, G. C.: Z. Allg. Mikrobiol. **21** (1981), 157.
[5] Becker, S., Dietze, H.-J.: Angew. Geol. **32** (1986), 179.
[6] Becker, S., Bullmann, M., Dietze, H.-J., Iske, U.: Fresenius Z. Anal. Chem. **324** (1986), 37.
[7] WP 218387

Acta Biotechnol. 7 (1987) 5, 408

Book Review

AIDA, K., CHIBATA, I. u. a.

Biotechnology of Amino Acid Production.
Progress in Industrial Microbiology. Vol. 24
Tokyo: Kodansha Ltd.
Amsterdam: Elsevier Science Publ., 1986, 340 S., 90 $

Seit der ersten Beschreibung der Möglichkeit einer Ausscheidung von L-Glutaminsäure durch Bakterien im Jahre 1957 sind von den Grundlagenuntersuchungen und der industriellen Herstellung verschiedener Aminosäuren eine Vielzahl wegweisender Entwicklungen und Erkenntnisse für die Biotechnologie ausgegangen.
Das vorliegende Werk stellt sich die Aufgabe, den derzeitigen Stand des Wissens auf den Gebieten der Stammisolation und -konstruktion, der Biochemie und der Fermentationstechnik nicht nur zusammenzufassen und zu kommentieren, sondern auch auf sich abzeichnende neue Entwicklungen und anwendbare Techniken hinzuweisen. Einbezogen wurde ein Abschnitt, der sich mit Substanzen beschäftigt, die in engem Zusammenhang mit den Aminosäuren stehen, wie Glutathion und γ-Glutamylpeptide, D-p-Hydroxyphenylglycin, 3,4-Dihydroxyphenylalanin, Aminosäurenantimetabolite, β-Lactamantibiotika und Lipoaminosäuren mit den entsprechenden Hinweisen auf medizinische Applikationen.
Die Abhandlung der vorteilhaft anzuwendenden Rohstoffe für die Fermentation der Aminosäuren berücksichtigt die spezifisch japanischen Verhältnisse, weist jedoch auch auf mögliche zukünftige Ausgangsstoffe wie z. B. Methanol hin. Konkrete Angaben über die Anwendung dieses Substrates finden sich in den Kapiteln über die einzelnen Aminosäuren Glutaminsäure und Serin. Sie zeigen, daß derzeit der Abstand zur Leistungsfähigkeit auf Standardsubstraten noch beträchtlich ist, eine zukunftsträchtige Entwicklung wird jedoch prognostiziert.
Die bei der Fermentation einzelner Aminosäuren anzuwendende modifizierte Sauerstoffkonzentration wird anhand der Stoffwechselwege des jeweiligen Beispiels begründet. Für die gleichfalls unterschiedlich anzuwendende Kohlendioxidkonzentration können derzeit nur empirische Werte vermittelt werden.
Besonders für die Fermentationstechnik und -steuerung lassen sich an den dargestellten konkreten Beispielen eine Fülle von wichtigen Anregungen auch für andere Gebiete der mikrobiellen Produktsynthese entnehmen.

U. STOTTMEISTER

Acta Biotechnol. 7 (1987) 5, 409–412

Wechselwirkungen zwischen seltenen Erdmetallen und Mikroorganismen

Bullmann, M., Iske, U., Glombitza, F., Dittrich, B.

Akademie der Wissenschaften der DDR
Institut für Biotechnologie
Permoserstr. 15, Leipzig, 7050

Summary

In recent years there have been a lot of works on the accumulation and removal of heavy metals from aqueous solutions and industrial waste waters by different kinds of microorganisms. A variety of microorganisms are known to be tolerant to mercury, copper, chromium, silver, cadmium etc., or to have a high accumulation capacity for these elements.
But nothing is known about the interactions between microorganisms and REE*-ions in aqueous solutions.
The objectives of our experiments were to determine the ability of various microorganisms to accumulate REE and to determine what possible effects, in terms of growth, different REE-ion concentrations may have on the bacteria cultures.
Experiments on the accumulation of La and Pr by a freeze dried bacteria mixed culture, carried out with model solutions, showed that the accumulation process is completed few minutes after contact. The uptake is independent on pH-value and temperature and amounts up to 63 mg REE/g biomass in both cases.
A gram^{+} bacterium spec., isolated from an industrial waste water, accumulates large quantities of REE in dependence on the pre-treatment of the cells, e.g. in the case of resting or freeze dried cells up to 100 mg/g biomass and in the case of heat treated cells up to 40 mg/l.

In den letzten Jahren haben Untersuchungen zur Akkumulation und Rückgewinnung von Metallwertstoffen aus wäßrigen Lösungen und industriellen Abwässern zunehmende Bedeutung erlangt [1, 2]. Eine Vielzahl von Mikroorganismen ist bekannt, die Quecksilber, Kupfer, Chrom, Cadmium und andere Schwermetalle tolerieren bzw. in der Lage sind, diese Metalle in z. T. beträchtlichen Mengen zu sorbieren [3, 4, 5, 6].
Um orientierende Angaben über die Wechselwirkung zwischen Seltenen Erdmetallen und Mikroorganismen in wäßrigen Medien zu erhalten, wurden Modellversuche zur Aufnahme von Lanthan und Praseodym durch Mikroorganismen aus wäßrigen Lösungen durchgeführt.
Als Einflußparameter auf die aufgenommenen Mengen sind dabei der pH-Wert, die Temperatur, die Kontaktzeit und die Mikroorganismenart sowie der Mikroorganismenzustand variiert und untersucht worden.
Die Untersuchungen zur temperatur-, zeit- und pH-Wert-abhängigen Aufnahme werden mit Lanthan und Praseodym und einer gefriergetrockneten Bakterienmischkultur durchgeführt.

* REE — rare earth elements

Die Aufnahme des Seltenen Erdmetalls erfolgt im Bereich von 20—30 °C unabhängig von der Temperatur.
Der Hauptteil des Seltenen Erdmetalls wird unmittelbar nach dem Kontakt der Biomasse mit der Modellösung aufgenommen (Tab. 1).

Tab. 1. Zeitabhängige Aufnahme von Praseodym und Lanthan durch eine gefriergetrocknete Bakterienmischpopulation
Vorgabe: 600 mg La, Pr/l, 8 g BTS/l
$T = 20\,°C$, pH-Wert 7

Element	Konzentration der Ausgangslösung	Restkonzentration [mg/l] nach einer Kontaktzeit [min] von					spezifische gespeicherte Konzentration*
	[mg/l]	1	5	10	30	60	mg La, Pr/g BTS
La	597	165	159	136	130	120	60
Pr	602	116	104	103	96	96	63

* nach einer Kontaktzeit von 60 min

Es sind keine Unterschiede zwischen beiden Elementen in der Aufnahmerate bei einem pH-Wert von 7 zu erkennen.
Der zeitliche Verlauf der Aufnahme konnte bei allen nachfolgenden Versuchen bestätigt werden.
In Tabelle 2 sind deshalb nur die aufgenommenen Mengen der Seltenen Erdmetalle in Abhängigkeit vom pH-Wert angegeben. Aus der Tabelle ist zu erkennen, daß die Aufnahme von Lanthan und Praseodym unabhängig im pH-Wert-Bereich von 3,0—7,0 erfolgt, auch zwischen beiden Elementen gibt es keine Unterschiede in der Aufnahmerate.
Die bisherigen Ergebnisse wurden mit gefriergetrockneten Mikroorganismen erhalten. Um den Einfluß der Vorbehandlung der Biomasse und damit den Mikroorganismenzustand auf die Aufnahme der Seltenen Erdmetalle zu erfassen, wurden ruhende und thermisch-getrocknete Mikroorganismen in die Untersuchungen einbezogen. Verwendet wird für diese Untersuchungen ein gram$^+$-Bakterium der Art *Arthrobacter* spec. isoliert aus einer Anreicherungskultur. Die Ergebnisse sind in Abb. 1 dargestellt und deuten darauf hin, daß bei der Aufnahme der Zustand der Zellwand des Mikroorganismus eine wesentliche Rolle spielt.
Durch thermische Trocknung erfolgt eine bedeutende Änderung, wenn nicht Schädigung, der Zellwand. So beträgt die Aufnahmerate durch thermisch getrocknete Mikroorganismen auch nur 40 mg La/g BTS, während bei ruhenden und gefriergetrockneten Mikroorganismen eine identische Aufnahmerate von 100 mg La/g BTS erzielt wird.

Tab. 2. Aufnahme von Praseodym und Lanthan durch eine gefriergetrocknete Bakterienmischpopulation in Abhängigkeit vom pH-Wert (Daten in mg La, Pr/g BTS)
Vorgabe: 600 mg La, Pr/l, 8 g BTS/l
$T = 20\,°C$, Kontaktzeit 60 min

Element	pH-Wert				
	3,0	4,0	5,5	6,0	7,0
La	59		62		60
Pr		59	61	62,5	63

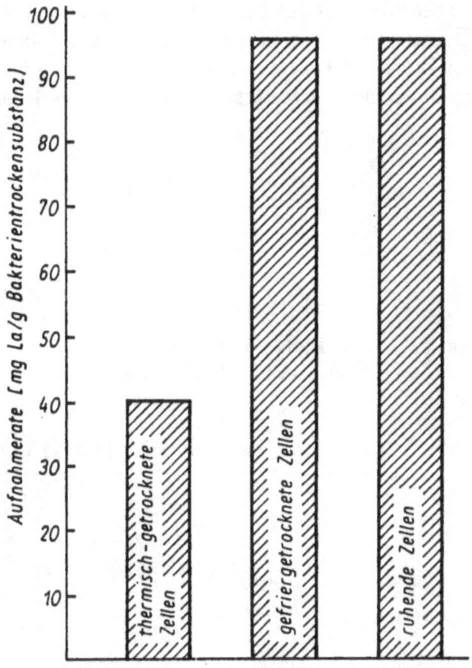

Abb. 1. Aufnahme von Lanthan durch ein gram$^+$-Bakterium der Art *Arthrobacter spec.* in Abhängigkeit von der Vorbehandlung der Zelle, pH-Wert 7,0

Über den Einfluß von Seltenen Erdmetallen auf das Wachstum und die damit verbundenen Ausbeuten existieren keine Informationen. Orientierende Untersuchungen sollen eine erste Antwort auf die Frage nach einer inhibierenden Konzentration geben.
Der Einfluß auf das Wachstum von Mikroorganismen wurde am Beispiel der gram$^+$-Bakterien der Art *Arthrobacter* spec. und eines weiteren, ebenfalls aus der Anreicherungskultur isolierten Bakteriums der Gattung *Acinetobacter* untersucht.
Die Anfangskonzentration der Biomasse betrug bei allen Untersuchungen 0,175 g/l. In Tabelle 3 sind die ermittelten Endkonzentrationen der Biomassetrockensubstanz nach 24 h Wachstum angegeben.
Erfolgt die Lanthanzugabe bereits mit dem Inoculum, wird das Wachstum der Mikroorganismen stärker gehemmt als bei Zugabe nach einem Wachstum von 5 h.

Tab. 3. Einfluß von Lanthan auf das Wachstum eines gram$^+$-Bakteriums der Art *Arthrobacter spec.* und *Acinetobacter*-Bakterien
Lanthanzugabe 400 mg/l

Lanthanzugabe	Biomassetrockensubstanz [g/l] nach 24 h Kultivierungsdauer	
	Arthrobacter spec.	*Acinetobacter*
ohne	1,7	1,5
nach 5 h Wachstum	1,3	1,3
mit dem Inoculum	0,9	0,6

Diese Hemmung wird auf das überhöhte spezifische Lanthanangebot je Gramm Biomasse zurückgeführt. Bei einer Zugabe des Lanthans mit dem Inoculum beträgt es nahezu 2300 mg La/g BTS und bei Zugabe nach 5 h Wachstum nur noch 800 mg La/g BTS, berechnet aus den aktuellen Biomassekonzentrationen zum jeweiligen Zeitpunkt der Zugabe.

Eingegangen: 27. 10. 1986

Literatur

[1] US 4522723 (1984).
[2] Glombitza, F., Iske, U., Gwenner, Ch.: Acta Biotechnol. 4 (1984), 285.
[3] Beveridge, T. J., Murray, R. G. E.: J. Bacteriol. **127** (1976), 1502.
[4] Heldwein, R.: Dissertation, Wien 1975.
[5] DD 225415 (1984).
[6] Tobin, J. M., Cooper, D. G., Neufeld, R. J.: Appl. Environ. Microbiol. **47** (1984), 821.

Acta Biotechnol. 7 (1987) 5, 413–415

Wechselwirkungen zwischen Mikroorganismen und Metallionen

GEHRE, C., ISKE, U., GLOMBITZA, F.

Akademie der Wissenschaften der DDR
Institut für Biotechnologie
Permoserstr. 15, Leipzig, 7050

Summary

Microorganisms are able to interact with metal ions in aqueous solutions and to accumulate considerable amounts of them.
The mechanism of the accumulation depends on the physiological state of the cells. In the case of resting cells the binding reaction takes place on the surface of the cell wall as a sorption process.
The kinetic of the sorption processes in dependence of the physiological state of the cells, the concentration of Hg^{2+} and Cd^{2+}-ions on the solution and the pH and temperature has been investigated.
Beyond that possibilities for the desorption of the metals from the biomass have been tested.

Mikroorganismen sind in der Lage, aus wäßrigen Lösungen Metallionen zu akkumulieren. Die Art der Metallionenaufnahme ist dabei abhängig vom Zustand der Mikroorganismen. Während bei wachsenden Zellen die Schwermetallionen ins Zellinnere aufgenommen werden können, erfolgt die Akkumulation der Metallionen bei ruhenden Zellen offenbar an der Zelloberfläche als Sorptionsprozeß.
Untersuchungen zur Hg^{2+}- und Cd^{2+}-Akkumulation an einer gefriergetrockneten Bakterienmischkultur ergaben eine maximale Sättigungskonzentration der Biomasse für Hg^{2+} 109 mg/g TS und für Cd^{2+} 25 mg/g TS bei ausreichendem Metallionenangebot in der wäßrigen Phase [1, 2].
Die Zielstellung der Untersuchungen bestand nun in der Bestimmung der Sättigungskonzentration der Biomasse in Abhängigkeit von der angebotenen Cd^{2+}- und Hg^{2+}-Konzentration im Medium und der Anzahl der Kontaktreaktionen. Dabei wurde die Sättigungskonzentration erstens bei Angebot nur eines Metallions im Medium und zweitens bei gleichzeitigem Angebot einer äquivalenten Hg^{2+}- und Cd^{2+}-Konzentration in der wäßrigen Phase ermittelt. Für die Untersuchungen wurde der methanolutilisierende Bakterienstamm MB 127 als gefriergetrocknete Zellsubstanz eingesetzt.

Ergebnisse

Der Bakterienstamm MB 127 ist in der Lage, Hg^{2+} und Cd^{2+} in Konzentrationen zu akkumulieren, die über dem aktuellen Metallionenangebot in der wäßrigen Phase liegen, d. h. die Sorption der Metallionen erfolgt entgegen dem Konzentrationsgefälle. Die Sättigungskonzentration zeigt eine Abhängigkeit von der Metallionenkonzentration im

Medium (Abb. 1, 2). Die Ergebnisse bestätigen, daß von der Biomasse eine höhere Menge Hg^{2+} im Vergleich zu Cd^{2+} gebunden werden kann.
Bei gleichzeitigem Angebot von Hg^{2+} und Cd^{2+} in der wäßrigen Phase liegen die Sättigungskonzentrationen für beide Metallionen nicht niedriger als beim Angebot nur eines Metallions (Abb. 3, 4).
Für die Adsorption von Metallkationen können die anionischen Gruppen der Zelloberfläche als potente Bindungsstellen angesehen werden.

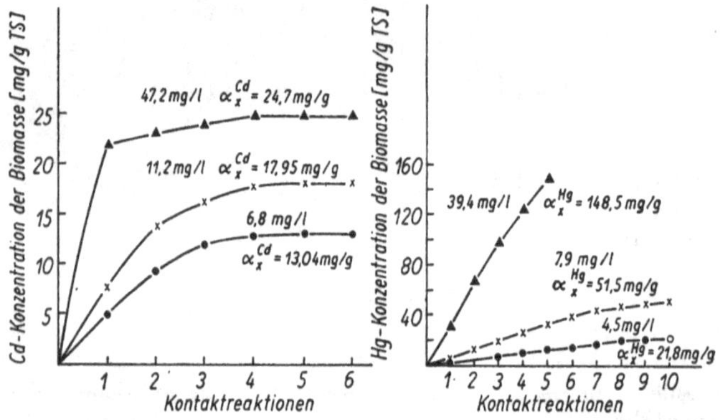

Abb. 1. Maximale Cd- und Hg-Sättigungskonzentration der Biomasse in Abhängigkeit von der angebotenen Cd^{2+}- oder Hg^{2+}-Konzentration im Medium und der Anzahl der Kontaktreaktionen

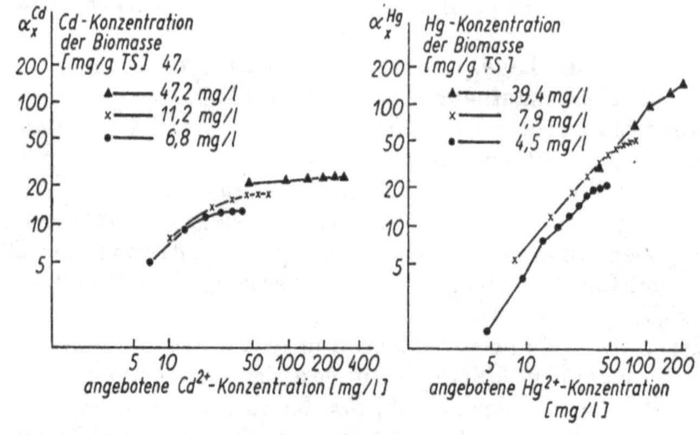

Abb. 2. FREUNDLICH — Isothermen der Akkumulation von Cadmium und Quecksilber aus wäßrigen Medien

Besondere Bedeutung für die Metallionenbindung besitzen die Carboxylgruppen des Peptidoglucans [3], die Phosphodiestergruppen der Teichonsäuren und die Carboxylgruppen der Teichuronsäuren [4].
Die unterschiedlichen Sättigungskonzentrationen der Biomasse für die Metallionen Hg^{2+} und Cd^{2+} weisen auf einen unterschiedichen Bindungsmechanismus des Bakterienstammes MB 127 gegenüber diesen Metallionen hin. Die ermittelten Sättigungskonzentrationen bei gleichzeitigem Angebot von Hg^{2+} und Cd^{2+} in der wäßrigen Phase zeigen,

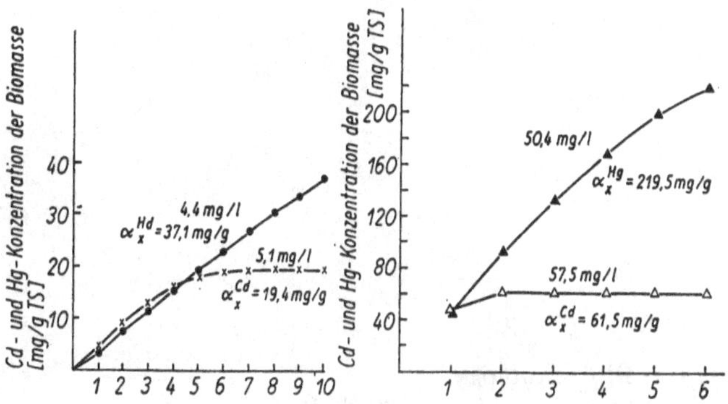

Abb. 3. Maximale Cd- und Hg-Sättigungskonzentration der Biomasse bei gleichzeitigem Angebot von Hg^{2+} und Cd^{2+} im Medium

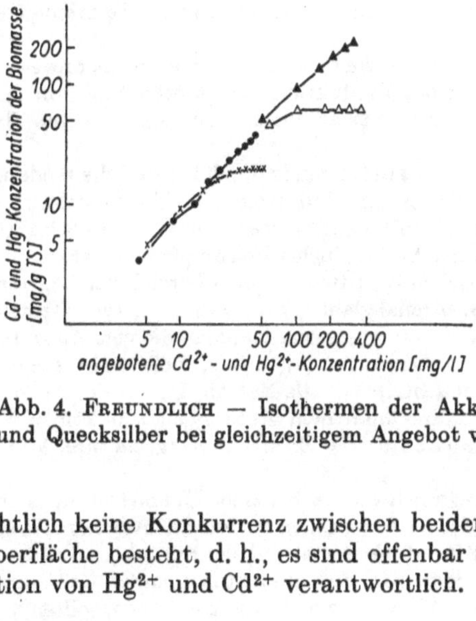

Abb. 4. Freundlich – Isothermen der Akkumulation von Cadmium und Quecksilber bei gleichzeitigem Angebot von Hg^{2+} und Cd^{2+} im Medium

daß offensichtlich keine Konkurrenz zwischen beiden Metallionen um Bindungsstellen an der Zelloberfläche besteht, d. h., es sind offenbar unterschiedliche reaktive Gruppen für die Sorption von Hg^{2+} und Cd^{2+} verantwortlich.

Eingegangen: 27. 10. 1986

Literatur

[1] Gwenner, C.: Bericht – Erarbeitung eines Technologievorschlages zur Quecksilberrückgewinnung aus Abwässern der Chloralkalielektrolyse (1983).

[2] Gwenner, C., Wittig, H.-P.: Bericht – Mikrobielle Cd-Entfernung aus wäßrigen Medien (1984).

[3] Beveridge, T. J., Murray, R. G. E.: J. Bacteriol **141** (1980), 2, 876.

[4] Doyle, R. J., Matthews, T. H., Streips, U. N.: J. Bacteriol. **143** (1980), 1, 471.

Acta Biotechnol. 7 (1987) 5, 416

Book Review

Coombs, J.

MacMillan Dictionary of Biotechnology
London: The Macmillan Press Ltd., 1986, 330 S., 9.95 Ł

Diese Zusammenstellung von knapp 4000 mit Erläuterungen versehenen Stichwörtern und Abkürzungen ist für Naturwissenschaftler und Techniker geeignet, die, ohne ein aufwendiges Studium spezieller Fachliteratur betreiben zu müssen, einen raschen Zugang zur Terminologie und Symbolik der Biotechnologie finden wollen.
Als stoffliche und methodische Teilgebiete werden Fermentation, Brauereiwesen, Impfstoffe, Pflanzenzellkulturen, Antibiotikaproduktion, Produktion und Anwendung von Enzymen, Biomasse, Abproduktbehandlung, Ausrüstungen, Verfahren, Mikroorganismen und Biochemikalien auf der Umschlagseite angegeben.
Das Gewicht liegt zweifellos mehr auf Bio als auf Technologie; dabei sind die modernen Methoden der Biotechnologie, wie z. B. Immobilisierung, Zellkulturtechnik, Enzymtechnik, Genetik usw. angemessen berücksichtigt. Der Vergleich mit einigen spezielleren Stichwortsammlungen läßt nur wenige Lücken erkennen; das allein macht das Buch schon empfehlenswert.
Allerdings ist das Dictionary mit zahlreichen Begriffen aus dem Bereich der höheren Organismen und der Humanmedizin überlastet (z. B. adrenal glands, kidney, liver, nervous system), die keinen offensichtlichen Bezug zur Biotechnologie erkennen lassen, legt man die vom Autor selbst gegebene Definition der Biotechnologie „... the application of organisms, biological systems or biological processes to manufacturing and service industries ..." als Maß an. Da ein einleitender Hinweis auf den Adressatenkreis des Buches fehlt, kann man dem Autor vielleicht keinen Vorwurf dafür machen, daß er einige triviale Begriffe erläutert (z. B. abattoir, agriculture, alimentary canal, blood, cooling water, kilo).
Es ist dem Buch zu wünschen, daß einige Schwächen bei einer Überarbeitung beseitigt werden. So sind z. B. die Struktur und der Stil der Erläuterungen zu den Stichwörtern, Abkürzungen und Symbolen nicht einheitlich; gleiches trifft auf die Gestaltung der Skizzen und deren Legenden zu. Veraltete Maßeinheiten (Kalorie, Ångström), Handels- und Firmennamen und einige unzulässige Wertungen, die mit der Erläuterung der Stichwörter nichts zu tun haben, sollten vermieden werden. Die Vielzahl von Abkürzungen, hinter denen der Verweis auf den ausführlichen Begriff steht, wäre besser in einer geschlossenen Übersicht aufgehoben. Wünschenswert ist es auch, einleitend den Bezug zwischen drucktechnischer Gestaltung (Sperrdruck, Kursivschrift) und Bedeutung — falls vorhanden — herzustellen. Analoges gilt für die Groß- und Kleinschreibung (z. B. Actinomycetes, ascomycetes).
Das Buch kann bereits in der vorliegenden Form empfohlen werden. Es gestattet einen ersten terminologischen Einblick in viele Teilbereiche der modernen Biotechnologie.

B. Nagel

Acta Biotechnol. 7 (1987) 5, 417–423

Nitrate Removal from Drinking Water in a Fluidized-Bed Biological Denitrification Bioreactor

Holló, J., Czakó, L.

Technical University, Budapest,
Department of Agricultural Chemical Technology,
Budapest, 1521, Hungaria

Summary

In most industrially developed countries an increasing degree of nitrification can be observed in potential water reservoirs. High nitrate content is unacceptable by public health standards. Since contamination seems to be unavoidable, the only realistic solution is purification prior to utilization. One of the potential variations is biological denitrification with a highly intensive facility, a fluidized- or expanded-bed bioreactor. Based on laboratory and pilot plant experiments, a detailed analysis is presented on the problems arising and solutions offered in the construction of a purification system meeting high quality requirements of drinking water purification. The crucial point is selection of the denitrifying microorganisms and organic matter required for denitrification, which simultaneously determines the attachment of bacteria to the support material (autoimmobilization), the intensity of nitrate removal and the character of post-purification.

In the majority of developed industrial countries, nitrification in potential water reservoirs is alarmingly increasing. Drinking water with high nitrate content (causing infant methemoglobinemia and the formation of carcinogenic nitrose amine) is strictly prohibited by public health regulations (highest level allowed: 40–50 mg NO_3^-/dm^3). [1]. Under present technological conditions, nitrate removal can be performed by various methods, owing to economic reasons, however, the only realistic alternatives are ion-exchange or biological denitrification [2]. In addition to basic principles, the fundamental difference between the two procedures is that while ion-exchange leads to separation only, with simultaneous formation of highly saliferous regenerates, biological denitrification results in the elimination of nitrate, i.e., the conversion of nitrate into N_2 gas. The basic equation of the process is Fig. 1.

The electron donor is some kind of organic matter converted during the oxidation-reduction process into carbondioxide, water and biomass, respectively. The only organisms capable of denitrification are bacteria. Most denitrifying microorganisms belong to *Pseudomonas*, *Neisseria* and *Bacillus* genera. [3, 4]
In the purification of drinking water the high levels of hygienic requirements and economic demands cannot be satisfied by traditional filled-column or disperged sludge purification systems. Substantially higher capacity, compact bioreactors are required, capable of operating with significant hydraulic loads resulting from relatively low nitrate concentrations (100–200 mg NO_3^-/dm^3) without biomass effluence and plugging.
These conditions are mainly satisfied by so-called fluidized-bed systems, (Fig. 2.) where the upstream flow of water maintains small granular support materials in fluidized state. [5] Microorganisms grow attached to the support material (autoimmobilized). The bio-

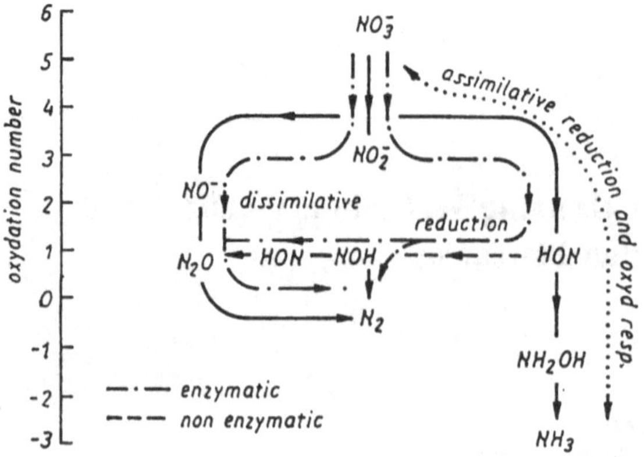

Fig. 1. Electron equation

$NO_3^- + 6\,H^+ + 5e^- \rightarrow 1/2\,N_2 + 3\,H_2O$

General stoechiometric equation

$$NO_3^- + \frac{5}{4n - 2z + m} C_nH_mO_z \rightarrow 1/2\,N_2 + \frac{5n}{4n - 2z + m} CO_2 + HCO_3^- + 3 - \frac{5(2n - z)}{4n - 2z + m} H_2O$$

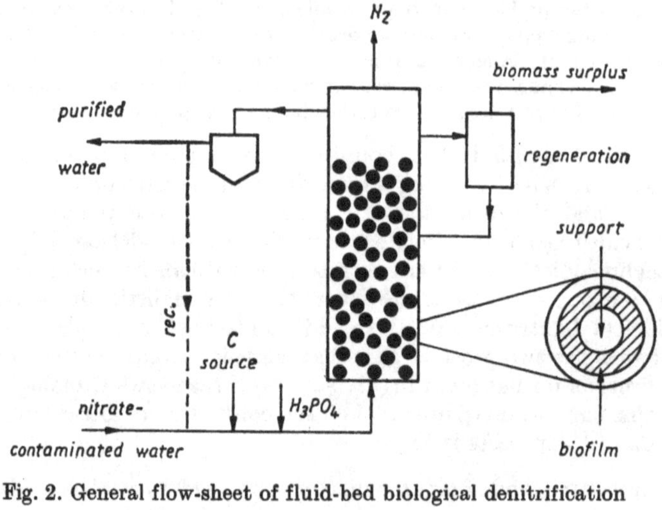

Fig. 2. General flow-sheet of fluid-bed biological denitrification

film formed gradually increases in thickness, gradually increasing the expansion of the bed. The biofilm is detached from the support material only upon strong mechanical effect, thus the excess biomass can be intermittently removed from the reactor, independently of the purified water. The system has the advantage of support reactors: the capacity proportionally increases with the expanding surface of the support material, without the hazard of plugging, and the reaction area is homogeneous regarding mass transfer processes.

Experimental equipment

The reactions have been carried out over a period of four years in two systems of different size. One is a laboratory scale 2.2 m plexy-glass tube with 80 mm internal diameter, while the other was a pilot-plant scale 4 m column with 300 mm diameter.
In most of the experiments, sand with 0.6—0.8 mm grain size was used as support material, with critical fluidization rate: 14 m/h. A study of the column based on the reactor type showed that the laboratory-scale version operated as a plug-flow reactor, whereas in the pilot-plant scale column, plug-flow was significantly impaired by re-mixture. Peclet number ranged between 2.5—5, depending on the flow rate [6].
Nitrate concentration of the inlet raw water ranged between 100—600 mg/dm³ in laboratory experiments, and between 150—200 mg/dm³ in pilot plant scale measurements. Other parameters of the water, of which the low temperature is especially remarkable, are depicted in Tab. 1. At higher nitrate concentrations or in reactors with lower capaccity, appropriate fluidization rate was ensured by a re-circulation system.
Retention of the biomass of the fluidized-bed bioreactor is facilitated by autoimmobilization of the bacterium cell. Properties of the bioparticle, and through this, the amount of biomass retained in the reactor is dependent on microbiological and hydrodynamical factors. (Fig. 3)

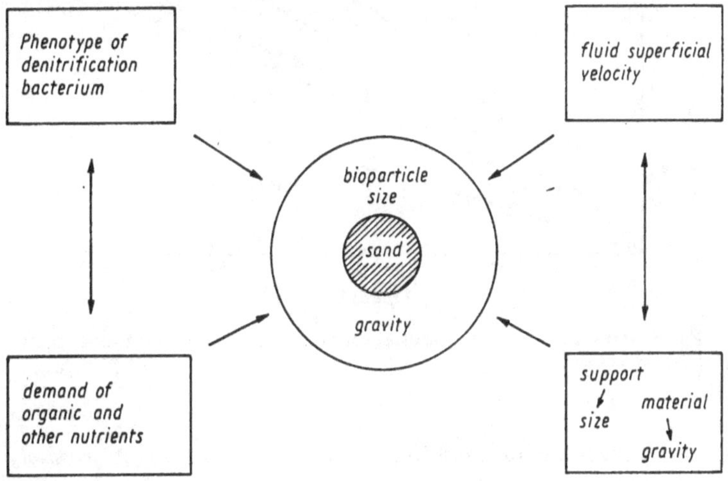

Fig. 3.

Reactor start-up, inoculation culture

There are a great number of naturally occurring denitrifying bacteria, owing to high public health requirements and to their attachment to inert surface, however, only a fraction of these bacteria are suitable for the purification of drinking water by the fluidized-bed procedure. Preliminary investigations have been carried out on three different denitrifying bacteria: pure cultures of *Pseudomonas fluorescens, P. denitrificans* and *P. aeruginosa* [7]. Evaluation was made on the basis of their capability of inert surface attachment, growth at low temperatures (8—12 °C), utilization of organic substrates, and public health hazards. Although autoimmobilization was less favourable in the case of *P. denitrificans,* owing to its other properties, especially its harmlessness to human health, this strain was applied in all our experiments for the inoculation of experimental reactors.

Formation of a primary bacterium film proved to be crucial in setting off the reactor. The process takes more than half of the time required for running up the reactor to full capacity (a period of 3—4 weeks). In order to facilitate autoimmobilization, we applied cation active polyelectrolite (Praestol 444/K) prior to inoculation. Decreasing the negative surface charge of the sand accelerated formation of the primary biofilm, although more stable binding forces allowed more stable operation also in the course of regeneration.

Organic matter demand, growth parameters

In principle, various organic compounds can be applied as electron donors of denitrification. Accordingly, selection seems to be governed only by economic and public health considerations, it turned out, however, already at an early stage of the experiments, that organic substances have a significant effect on the structure of the biofilm formed, and thus, on the expansion of the fluid-bed. (Fig. 4)

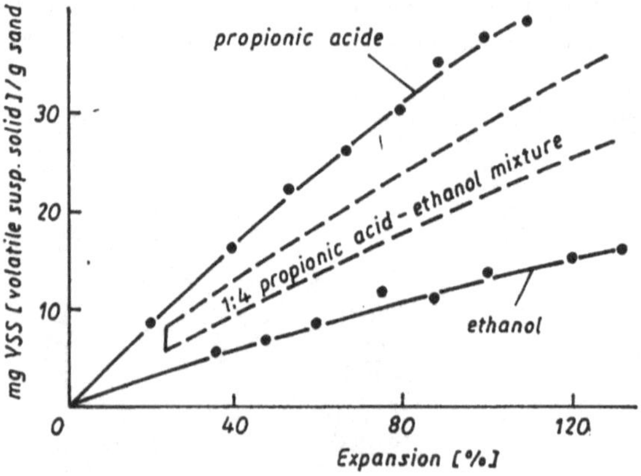

Fig. 4. Effect of organic material on the expansion of biofilm-support (size of sand: 0.6—0.8 mm; C/N ratio: 1.0—1.3; flow rate 28 m/h)

Under identical experimental conditions, upon the addition of partially neutralized propionic acid, an identical value of bed expansion requires 2—2.5 as high cell concentration as in the case of ethyl alcohol. The phenomenon can be explained by the lack of sterility. Of the microorganisms of raw water, organic matter-dependent self-selection may lead to the multiplication of organisms, impairing or improving the density of the biofilm. Presumably, the wider is the range of bacteria capable of metabolizing organic compounds, the lower is the structure of the biofilm. This ability of self-selection is also supported by the observation that after starting up with a *Coli*-infected inoculation culture, the *Coli bacteria* are gradually washed out of the system.

Considering economic requirements of industrial-scale realization, instead of pure propionic acid, which is much more expensive than alcohol, pilot-plant experiments were carried out with a mixture of propionic acid — ethyl alcohol in 1:4 vol. ratio. Although this mixture does not give the biofilm structure attained by denitrification with propionic acid, it results in much more favourable conditions than attained with alcoholic treatment. The organic matter demand of reduction may be characterized by 1.15-fold C/N ratio. At higher values, the organic matter content of the effluent water increases, which is a strictly limited value in drinking water.

The ash content of the biomass formed is 13.5%, whereas organic matter content can be described by the formula: $C_{1.0}H_{1.82}N_{0.18}O_{0.44}$. Maximum specific nitrate removal rate measured at 12 °C was found to be 220 mg NO_3^-/h · g cells. The yield constant calculated for the removed nitrate was 0.54 g cell/g NO_3^-. (Fig. 5)

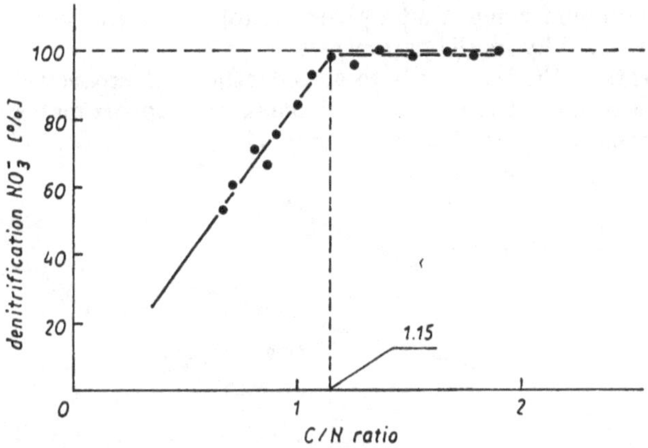

Fig. 5. Organic material demand: 58 mg/100 mg NO_3^-
Yeald constant: 0.54 g cell/g NO_3^-
Cell-composition: 13.5% ash $C_1H_{1.82}N_{0.18}O_{0.44}$
Specific NO_3^- denitrification rate: 220 mg NO_3^-/hg cell

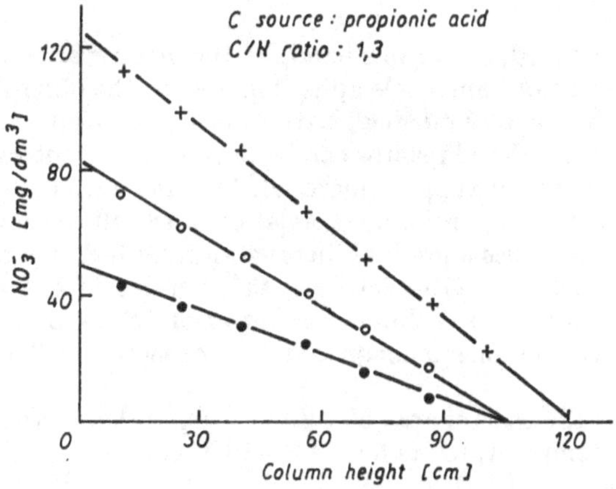

Fig. 6. Change in nitrate-concentration as a function of column height (size of sand: 0.6—0.8 mm; flow rate 28 m/h)

cell conc. [g/dm³]	denitrification rate [g NO_3^-/dm³ h]
10.9	7.0
20.4	12.0
28.2	13.3

Operation parameters of the reactor

Nitrate decomposition of the reactor can be characterized by the linear decrease in nitrate concentration along the length of the column (Fig. 6). Reaction rate is a function of cell concentration, thus, optimum operation of the reactor implies maintaining cell concentration at a maximum value. Under given microbiological conditions, the determining factors are basically hydraulic parameters.
Increasing the flow rate of the fluid leads to considerable bed expansion. With the increase of biofilm thickness, i.e., the amount of biomass/unit support material, increasing changes can be observed at higher flow rates. (Fig. 7)

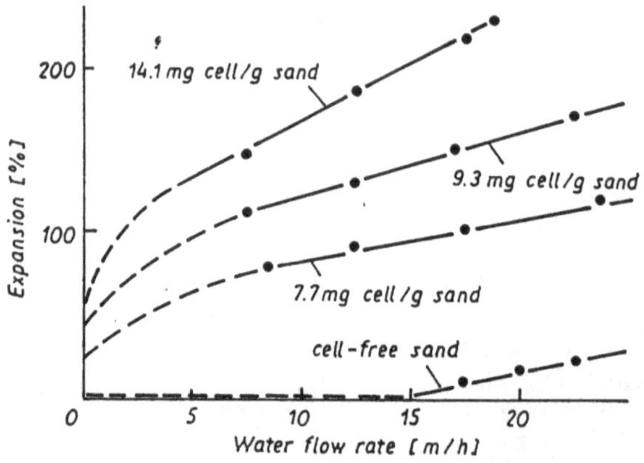

Fig. 7. Effect of flow rate on the expansion of fluid-bed (organic material: ethanol C/N ratio 1.0 sand 0.6—0.8 mm)

The flow rate applied is determined, on the one hand, by the maintenance of fluid state, and accordingly, the prevention of bioparticle adhesion, and on the other hand, by the nitrate concentration of the water to be purified. Latter must be specially stressed as the decomposition capacity of the fluid-bed reactor can be balanced with nitrate loads only at higher flow rates. The amount of support material, biofilm thickness and the concentration of the active material is in optimum correlation with cell concentration. The increase in biofilm thickness involves a gradual increase in fluid-bed expansion. Above a certain value of biofilm thickness (270—280 μm), the increase in bed expansion is higher than that of the biomass, thus, volume concentration of the biomass actually decreases. In our experiments this phenomenon could be observed at 2.8—3-fold bed expansion.
Nitrate removal capacity of the reactor was 50—60 kg NO_3^-/m^3/day, which could be maintained permanently at temperatures as low as 8—10 °C as well.

Effluent parameters

After leaving the reactor, the effluent contains secondary contaminations of biotechnological origin, involving increased concentrations of dissolved organic matter and living cell mass present in unicellular or suspended form. At appropriate adjustment of the C/N ratio, the total amount of dissolved total organic carbon (TOC) increases by approx. 1—1.2 mg/dm³ and remains below the limit allowed for drinking water.
Considerable problem is caused by eluted living cells in the effluent, which must be therefore subjected to post-purification. (Fig. 8)

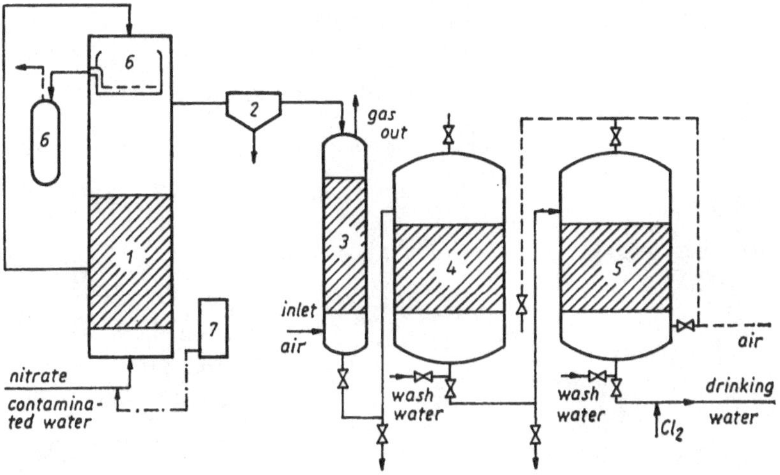

Abb. 8.

1 — fluid-bed denitrificating column; 2 — filter cartridge; 3 — airing and N_2 stripping column; 4 — sand filter; 5 — active-carbon filter; 6 — sand regenerator; 7 — chemical feeder (C and P)

The number of living cells ranges between 10^4—10^6/cm^3, depending on the amount of suspended solids detached from the support material in the water. Elution of the suspended biomass cannot always be detected. Mainly a value of 1—10 mg/m^3 can be measured for a period of 2—4 hours after regeneration. Operation with recirculation applied in the case of higher influent nitrate concentrations may also lead to biomass elution, at a realistically estimated value of 150—200 mg/dm^3 nitrate concentration in raw water, however, there is no need for recirculation.

Suspended solids in water can be fully retained on a sand filter. After filtration on activated carbon, living cells in a number of $5 \cdot 10^3$—$5 \cdot 10^4$/cm^3 in the water can be eliminated by the addition of 3 mg chlorine. After this treatment the water obtained qualifies as drinking water, with nitrate concentration not exceeding 10 mg/dm^3. [8]

In summary, it may be stated that the fluidized-bed bioreactor inoculated with an appropriate bacterium culture proved to be a highly efficient and effective system for the denitrification of drinking water.

Large-scale introduction of the system with 500 m^3/day capacity is in progress.

Received November 15, 1986

References

[1] Degrémont: Water Treatment Handbook Halsted Press 1979

[2] Cooper, P. E.; Atkinson, B.: Biological Fluidised Bed Treatment of Water and Wastewater, pp. 329—351, Ellis Horwood Ltd. Chichester 1981

[3] Payne, W. J.: Denitrification 1981, J. Wiley and Sons, 1981. New York.

[4] Delwiche, C. C.: Denitrification, Nitrification and Atmospheric Nitrous Oxide. J. Wiley and Sons 1981, New York.

[5] Jeris, J. S.; et. al.: J. of the Water Pollution Control Federation **46** (1974), 2118.

[6] Farkaš, H.: M. sc. Thesis Technical University of Budapest, 1982. Hungary

[7] Hizsnyik, G.: M. sc. Thesis Technical University of Budapest, 1981. Hungary

[8] Czakó, L., Miháltz, P., Tóth, J.: Hungarian Patent, 1985.

Acta Biotechnol. 7 (1987) 5, 425–429

Induction of Cellulase in Trichoderma reesei grown on Lactose

FARKAŠ, V., ŠESTÁK, S., GREŠÍK, M., KOLAROVA, N., LABUDOVÁ, I., BAUER, Š.

Institute of Chemistry, Center for Chemical Research,
Slovak Academy of Sciences, 842 38 Bratislava, Czechoslovakia

Summary

Intracellular concentrations of ATP, cyclic AMP and glucose-6-phosphate were monitored during growth of partially catabolically derepressed strain of *Trichoderma reesei* CC II in medium containing lactose as the sole carbon source. The induction of cellulase synthesis occured when the concentration of lactose in the medium decreased below 7 mg/ml. The onset of cellulase synthesis was preceded by a transient peak of intracellular concentration of ATP and by the increase of the cyclic AMP contents in the mycelium whereby the intracellular level of glucose-6-phosphate was at its minimum. By keeping the lactose concentration in the medium at 2 mg/ml, it was possible to support the continuation of cellulase synthesis over the prolonged periods without appreciable growth of biomass.

Introduction

The development of a viable process for production of cellulases requires both genotypic and phenotypic optimalizations of the productive microbial strains. In both these areas a great progress has been achieved during the recent years. Successful mutation programs with *Trichoderma* carried out in different laboratories [1–5] resulted in the isolation of mutant strains with enhanced production of cellulase and strains producing cellulases constitutively or exhibiting various degree of resistance of cellulase synthesis towards catabolite repression. Nevertheless, there is an increasing evidence that not only genetic properties of producer strains but also the careful choice of all cultivation parameters may play an important role in induction and maintaining cellulase synthesis by the fungus. Elucidation of regulatory mechanisms governing, the production of cellulase may show the way towards finding optimum conditions for maximal production of cellulolytic enzymes on different substrates.

In our work we examined the time course of cellulase induction in a partially derepressed mutant of *Trichoderma reesei* CC II during its growth on lactose by monitoring several key parameters such as lactose concentration in the medium, mycelial growth, ATP, cAMP and glucose-6-phosphate contents in the mycelium.

Materials and Methods

Microorganism

Trichoderma reesei, a partial catabolically derepressed mutant CC II prepared by a two-step mutagenesis of *Trichoderma reesei* QM 6a by a procedure desribed by LABUDOVÁ and FARKAŠ [5] was employed.

Medium and cultivation

The organism was grown in a 2-liter laboratory fermenter LF-2 (Vývojové dilny, ČSAV, Praha) in a medium containing per liter: 20 g lactose; $MgSO_4$ 0.3 g; KH_2PO_4 1.5 g; $(NH_4)_2SO_4$ 5.0 g; $CaCl_2$ 0.2 g and yeast autolysate 2.5 g. The fermenter was inoculated by 100 ml of 2-day culture of *Trichoderma reesei* CC II grown in shake flask in the same medium. The cultivation was carried out under the following conditions: temperature 30 °C; pH 4.5; aeration 2 l/min, mixing 400 revolutions/min.

Beginning from the 10th hour of cultivation and thereafter every 2 hours, samples were withdrawn for analysis.

Lactose was determined as reducing sugar by 3,5-dinitrosalicylic acid [6]. Biomass was determined by filtering 20 ml of the culture through preweighed sintered glass filteres (pore size 120—150 μm), washing the mycelium on the filters by water and drying the mycelium in the vacuum at 70 °C to constant weight. For determination of intracellular metabolites, 3-ml aliquotes of the culture were rapidly filtered through glass-fibre filters GF/A (WHATMAN), the retained mycelia on filters immediately put into tubes with 3 ml of hot water placed in a boiling water bath and extracted for 10 min. After cooling, the tubes were centrifuged and supernatants were used for analysis.

ATP was determined by bioluminescence assay using an LKB-Luminometer, Type 1251 according to the instructions of the manufacturer.

Cyclic AMP was determined by radioimmunoassay method [7] using the Cyclic-AMP Ria Kit manufactured by the Institute for Research, Production and Application of Radioisotopes, Prague. Before determination of cAMP, the ATP was removed from the samples by absorption on alumina [8]. Glucose-6-phosphate was determined by fluorimetric assay with glucose-6-phosphate dehydrogenase [9]. Endo-1,4-β-D-glucanase activity in culture filtrates was determined by hydroxyethylcellulose assay [4]. Filter-paper degrading activity was determined according to MANDELS et al. [10].

Results and discussion

The mechanism of cellulase induction is, until now, only poorly understood. It has been postulated that cellulase fragments [11] or sophorose [12] might act as inducers, however, it has been also shown that sugars structurally unrelated to cellulose, such as lactose [13] or L-sorbose [14] can also induce cellulase synthesis. On the other hand, the induction of cellulases is subject to catabolite repression and is prevented when the concentration of the inducer in the medium is high [15]. Thus, in spite of numerous efforts, the chemical nature of the "true" inducer of cellulase remains obscure. The possibility exists that the cellulase "induction" is simply the reflection of the metabolic state of the cells. It is known that substrate limitation favours the cellulase synthesis whereas the excess of substrate brings the formation of cellulase to a halt [16].

In order to characterize closer the metabolic status of the cells at the time of cellulase induction we have investigated the intracellular concentration of several key metabolites;

i.e. glucose-6-phosphate, ATP and cAMP in the course of cellulase induction in mycelium grown on lactose as the only carbon source.

The initial phase of cultivation was marked by a rapid decrease of lactose concentration in the medium and by the growth of mycelial biomass. As the lactose concentration reached the value below 7 mg/ml, after about 30 h, the onset of cellulase secretion into the medium was observed (Fig. 1). The period of cellulase induction was preceded by the transient peak of ATP concentration and was accompanied by the rise of the intracellular concentration of cAMP.

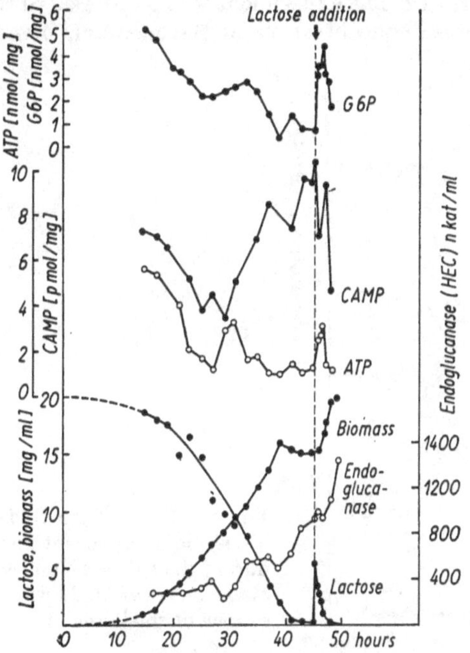

Fig. 1. Time-course of cultivation of *Trichoderma reesei* CC II in the medium containing lactose as the sole source of carbon. Arrow and dotted line indicate the time of addition of 10 g lactose into the fermenter

At the time of complete lactose exhaustion from the medium, after 45 h cultivation, there was no further biomass growth and the ATP and glucose-6-phosphate concentrations in the mycelium were at their minimum. At this time lactose powder was added nto the fermenter so that its final concentration in the medium increased to 5.5 mg/ml. The addition of lactose was reflected in short-term halt of the endo-glucanase secretion, increase of biomass and of intracellular concentration of ATP and glucose-6-phosphate and in the decrease of the level of cyclic AMP. The externally added lactose has been rapidly consumed and the cellulase secretion has after about 2 h from the lactose addition resumed again.

These results are pointing out that the metabolic state of the cells is probably a decisive factor influencing the cellulase induction. Particularly interesting are the changes of the concentration of adenine nucleotides. The increase of ATP level preceding the period of cellulase induction has been already observed by COCHET et al. [17] and may be explained as due to relief of catabolite repression of enzymes of respiratory pathway [18]. Elevated level of cAMP which correlates with the time of cellulase synthesis indicates that this nucleotide might play the role as the modulator of catabolite repression, although conflicting results have been published by MONTENECOURT et al. [19].

As the metabolic status of the cells is influenced by the environmental conditions, e.g. concentration of substrate, aeration, etc. it is reasonable to assume that by keeping the optimum external conditions we could achieve continuous production of cellulase by the fungus.

We have tested this hypothesis in a simplest way by keeping the concentration of lactose in the medium at the level of 2 mg/ml which permitted the synthesis of cellulase but did not promote too much mycelial growth. The experiment was performed in the fed-batch regime whereby we followed lactose concentration in the medium, biomass and the activities of cellulolytic enzymes.

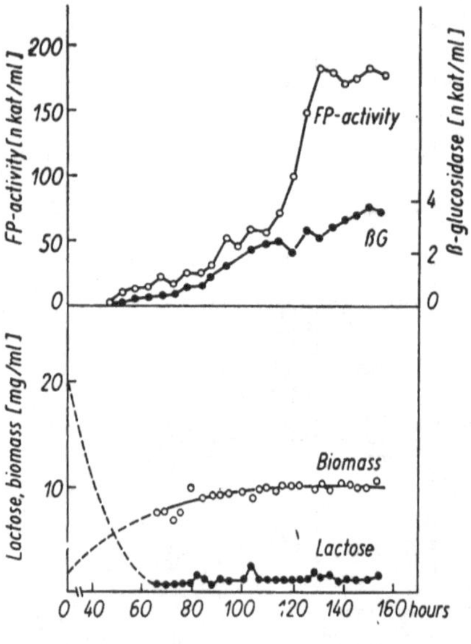

Fig. 2. FP- and β-glucosidase (βG) activities, biomass and lactose concentration during the fed-batch cultivation of *Trichoderma reesei* CC II with repeated additions of small amounts of lactose

The experiment took 160 hours and during this time the cellulase activity (FP) has reached the value of 180 nanokatals/ml. Biomass concentration was almost constant during the cultivation, around 10 mg/ml (Fig. 2). These data show that by further improvement of this process it would be possible to produce cellulases in a continuous way with lactose or milk whey as the sugar substrates.

Received November 21, 1986

References

[1] MONTENECOURT, B. S., EVELEIGH, D. E.: Adv. Chem. Ser. **181** (1979), 289.
[2] MISHRA, S., GOPALKRISHNAN, K. S., GHOSE, T. K.: Biotechnol. Bioeng. **24** (1982), 251.
[3] GHOSH, V. K., GHOSE, T. K., GOPALKRISHNAN, K. S.: Biotechnol. Bioeng. **24** (1982), 241.
[4] BAILEY, M. J., NEVALAINEN, K. H. M.: Enzyme Microb. Technol. **3** (1981), 153.
[5] LABUDOVÁ, I., FARKAŠ, V.: FEMS Microbiol. Lett. **20** (1983), 211.
[6] MILLER, G. L.: Anal. Chem. **31** (1959), 426.
[7] STEINER, A. L., KIPNIS, D. M., UTIGER, R., PARKER, C.: Proc. Natl. Acad. Sci. USA. **64** (1969), 367

[8] Volker, T. T., Viratelle, O. M., Delaage, M. A., Labouesse, J.: Anal. Biochem. **144** (1985), 347
[9] Maitra, P. K., Estabrook, R. W.: Anal. Biochem. **7** (1964), 472.
[10] Mandels, M., Andreotti, R., Roche, C.: Biotechnol. Bioeng. Symp. **6** (1976), 21.
[11] Mandels, M., Reese, E. T.: J. Bacteriol. **79** (1960), 816.
[12] Sternberg, D., Mandels, G. R.: J. Bacteriol. **139** (1979), 761.
[13] Mandels, M., Reese, E. T.: J. Bacteriol. **73** (1975), 269.
[14] Kawamori, M., Morikawa, Y., Takasawa, S.: Appl. Microbiol. Technol. **22** (1985), 235.
[15] Nisizawa, T., Suzuki, H., Nisizawa, K.: J. Biochem. **71** (1972), 999.
[16] Gong, C. S., Tsao, G. T.: Annu. Rep. Ferment. Processes **3** (1979), 111.
[17] Cochet, N., Tyagi, R. D., Ghose, T. K., Lebeault, J. M.: Biotechnol. Lett. **6** (1984), 155.
[18] Polakis, E. S., Bartley, W., Meek, G. A.: Biochem. J.: **97** (1965), 298.
[19] Montenecourt, B. S., Nhalpo, S. D., Trimino-Vazquez, Cuskey, S., Shamhart, D. H. J., Eveleigh, D. E.: in Trends in the Biology of Fermentations for Fuel and Chemicals (A. Hollaender, ed.), pp. 33–53. Plenum Press New York and London, 1981.

Acta Biotechnol. 7 (1987) 5, 430

Book Review

SCHOPFER, Peter

Experimentelle Pflanzenphysiologie. Band 1: Einführung in die Methoden.
IX + 178 Seiten, 45 Abbildungen
Springer-Verlag Berlin, Heidelberg, New York, Tokyo 1986
29 DM

Mit dem vorliegenden Band soll dem Studenten ein bislang fehlender einführender Text in die theoretischen Grundlagen der wichtigsten Arbeitsmethoden der modernen Pflanzenphysiologie gegeben werden. Geboten wird dieser Stoff in einer recht komprimierten Darstellung, die dank geschickter Gliederung und prägnanter Darstellung nicht zu Lasten der Verständlichkeit geht. Von den 20 Kapiteln des Buches befassen sich die ersten mit den elementaren Arbeitstechniken (Fehlerstatistik, Protokollierung, Meß- und Bezugsgrößen, Faktorenanalyse, Sicherheit im Labor, Versuchspflanzen-Anzucht, steriles Arbeiten, Ansetzen von Lösungen). Es folgen die spezielleren Verfahren (manometrische Messung, Strahlungs-Erzeugung und -Messung, Photometrie, enzymatische Analyse, radioaktive Isotope, Zentrifugation, Elektrophorese, Chromatographie, ionenselektive Elektroden, O_2-Elektrode, Messung von osmotischen und Wassertransport-Parametern). Zu jedem Kapitel wird weiterführende Spezialliteratur angegeben. Im Anhang werden schließlich noch die SI-Einheiten und einige Naturkonstanten sowie Handbücher und zusammenfassende Darstellungen aufgeführt. Der schmale handliche Band bietet eine Fülle gründlicher und zuverlässiger Informationen, die nicht nur für den Anfänger auf dem Sektor der Pflanzen-Physiologie und -Biochemie von großem Wert sind. Ihm ist allgemeine Verbreitung als Studienmaterial im pflanzenphysiologischen Praktikum zu wünschen.

P. DÖBEL

Acta Biotechnol. 7 (1987) 5, 431–439

Verbesserung alter biotechnologischer Verfahren

SCHÜGERL, K.

Institut für Technische Chemie der Universität Hannover
Callinstraße 3, Hannover, 3000

Summary

By the example of the Penicillin G production, it is shown, how the production process can be improved by using pellet suspension instead of highly viscous filamentous mycel. In order to optimize the pellet geometry, dissolved oxygen concentration profiles were measured, and the overall mass transfer resistance was calculated in the pellets; histological investigations were carried out with pellets also. All measurements indicated that the optimal pellet diameter is 400 µm. When using this pellet, the specific power input was reduced from 4–5 kW/m³ to 0.8 kW/m³. The losses during the recovery of Penicillin G can be reduced below 1% by using reactive extraction. The thermodynamics, kinetics and reaction technique of reactive extraction of Penicillin G are also taken into account.

Am Beispiel der Penicillin-Produktion werden die Verbesserungsmöglichkeiten alter biotechnologischer Verfahren gezeigt.

Seit 40 Jahren wird Penicillin G produziert. Seit dieser Zeit wurde der Produktionsstamm *Penicillium chrysogenum*, durch herbeigeführte Mutationen so verbessert, daß er jetzt 30–40 g/l Penicillin G produziert. Die Produkttechnologie wurde jedoch nach der Einführung der Submerskulturen nur geringfügig verbessert.

Das Hauptproblem der Produktion ist die hohe Viskosität des Mediums, die durch die langen verzweigten Hyphen bedingt ist, die relativ locker gepackt über den gesamten Raum miteinander verwoben und verknäult sind, woraus sich die hohe scheinbare Viskosität schon bei niedrigen Biomassen erklärt.

Man muß sehr hohe Rührenergie verwenden, um die Viskosität des strukturviskosen Mediums durch Anwendung hoher Scherkräfte so zu reduzieren, daß man ausreichenden Sauerstoff in das Medium eintragen kann. Man benötigt in der Industrie 4–5 kW/m³.

Da wir mit rührerfreien Säulen-Schlaufen-Reaktoren bei der Produktion von Einzellerproteinen gute Erfahrungen gemacht haben, wollten wir hier diese Reaktoren ebenfalls verwenden.

Es war jedoch nicht möglich, in Säulen-Schlaufen-Reaktoren mit hochviskosem, filamentösen Mycel Penicillin zu produzieren. Daher wurde eine neue Strategie entwickelt, um die Bildung des hochviskosen Systems zu vermeiden. Bei Verwendung bestimmter Drehzahlen in der Vorkultur, Impfmenge und Substratkonzentration in der Hauptkultur kann eine Pelletsuspension erzeugt werden, die bis zu einem Sedimentgehalt von 40% eine geringe Viskosität aufweist. Die volumenbezogenen Stoffdurchgangskoeffizienten sind um einen Faktor 4 bis 5 höher als mit filamentösem Mycel.

In der Pelletsuspension sind die k_La-Werte über 100 h^{-1}, im filamentösen Mycel sind sie geringer als 20 h^{-1}. Die Gelöstsauerstoffkonzentration in der Pelletsuspension ist über 50% des Sättigungswertes, und im filamentösen Mycel ist sie unter 10% und nach 120 h nicht mehr nachweisbar. Bei Anwendung der Pelletsuspension ist es leicht, die notwendige Sauerstoffmenge ins Medium einzutragen.
Bei der Bildung des Pellets tritt jedoch ein zusätzlicher Stofftransportwiderstand auf. Bei der Auslegung dieses Systems muß man diese zusätzlichen Widerstände berücksichtigen.
Der Gesamtwiderstand setzt sich aus drei Teilwiderständen zusammen. Den Widerstand an der Gas/Flüssigkeitsphasengrenze $1/k_La$ kann man aus der Sauerstoffbilanz und der Gelöstsauerstoffkonzentration errechnen. Der Widerstand in der Grenzschicht an der Pelletoberfläche wird aus bekannten Beziehungen errechnet. Der Widerstand im Pellet ist unbekannt; er muß noch ermittelt werden. Im folgenden wird dargestellt, wie wir die Pellets untersuchten, um sie zu optimieren.

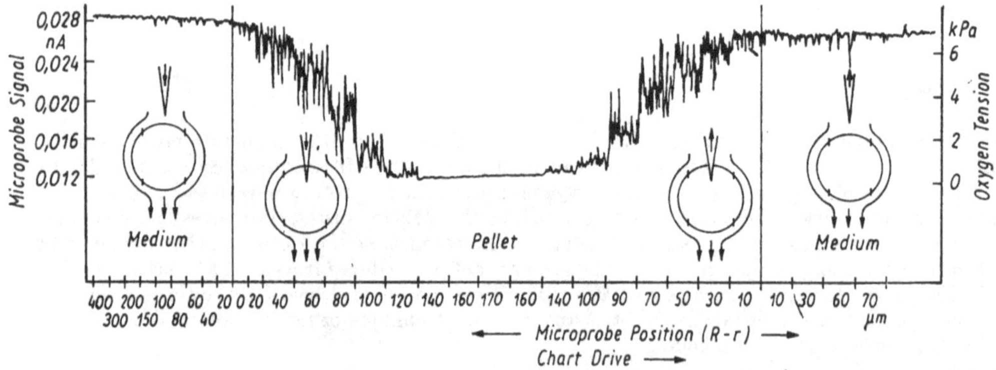

Abb. 1. Signalverlauf bei der Messung der pO_2-Profile. Einfahren ins Pellet, Ausfahren aus dem Pellet. pO_2 im Medium = 6,9 kPa (1/2 der Sättigung)

Wir haben eine Mikrosauerstoffelektrode zur Bestimmung der Gelöstsauerstoffkonzentrationsprofile im Pellet verwendet. Die Sonde wurde vom Max-Planck-Institut für Systemphysiologie, Dortmund, entwickelt und uns zur Verfügung gestellt.
Am unteren Ende hat die Sonde den Durchmesser von 0,7 μm. Mit dieser Sonde haben wir die Gelöstsauerstoffkonzentrationsprofile in Pellets in Abständen von 10 μm gemessen.
Die Untersuchungen wurden in einem kleinen Schlaufenreaktor durchgeführt.
Abb. 1 zeigt den typischen Signalverlauf, wenn die Elektrode in das Pellet bis zur Mitte eingefahren und dann wieder ausgefahren wird. Auffallend sind die starken Schwankungen. Wird die Begasung abgeschaltet oder das Medium abgelassen, so daß das Pellet mit Luft umgeben ist, entsteht bei der Verschiebung der Sonde im Pellet eine glatte Stufenfunktion ohne Schwankungen des Signals. Dies weist darauf hin, daß die Signalschwankungen durch die Blasen bzw. durch sie bedingte Turbulenz verursacht werden.
Abb. 2 zeigt Konzentrationsprofile im Medium und im Pellet ohne Begasung (1) und mit Begasung (2). Ohne Begasung liegt im ungerührten Medium ein Konzentrationsprofil vor, da sich das Pellet als eine Sauerstoffsenke auswirkt. Bei Begasung wird das Medium gut durchmischt. Daher kann kein Profil in ihm entstehen. Im Pellet fällt die O_2-Konzentration steil ab.

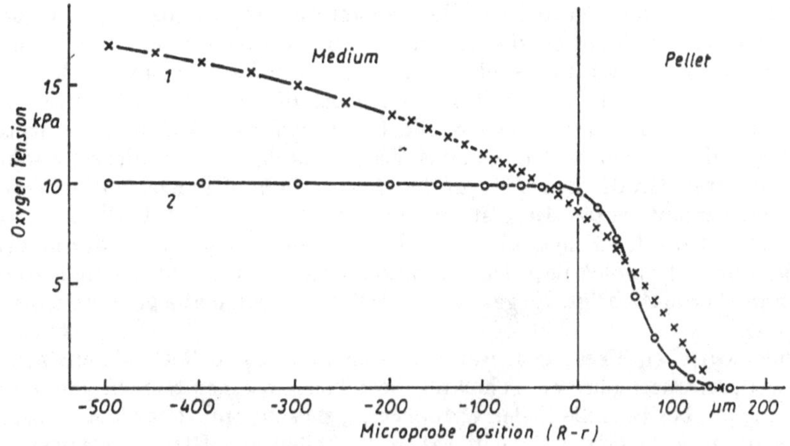

Abb. 2. Vergleich der pO_2-Profile in begasten und nichtbegasten Medien; Kurve 1: unbegastes Medium; Kurve 2: begästes Medium

In Abb. 3 wird der Einfluß des Sauerstoffpartialdruckes im Medium auf die Penetrationstiefe des Sauerstoffs im Pellet gezeigt. Bei O_2-Sättigung erreicht man die Penetrationstiefe von 200 µm. Bei niedrigeren O_2-Partialdrücken ist die Penetrationstiefe geringer. Der Unterschied zwischen Kurven Nr. 3 und 4 besteht darin, daß bei Nr. 3 die Sonde eingefahren und bei Nr. 4 ausgefahren wurde. Die Übereinstimmung dieser Kurven weist darauf hin, daß die Profilmessung die Pelletstruktur nicht zerstört. Die Differenz zwischen Kurven Nr. 3 und 4 einerseits und Nr. 5 andererseits besteht darin, daß bei Nr. 3/4 der Anstich und die Strömung aus der gleichen Richtung erfolgen und bei Nr. 5 aus der entgegengesetzten. Aus dem Unterschied kann man folgern, daß die Strömungsrichtung die Profile beeinträchtigt.

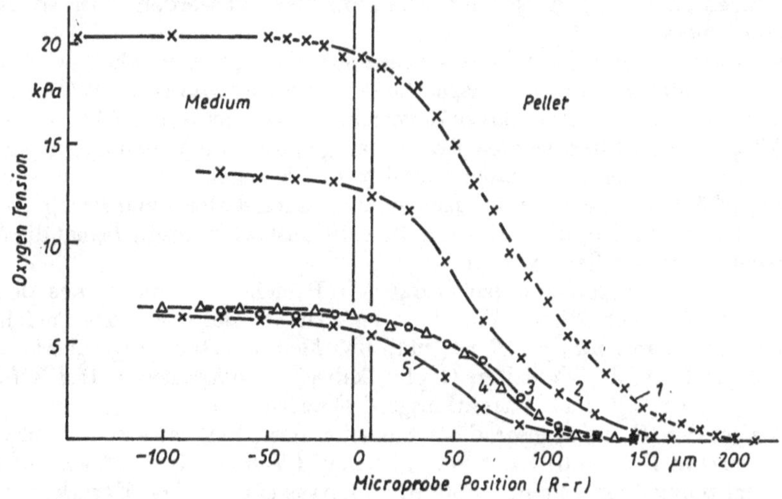

Abb. 3. pO_2-Profile bei verschiedenen Sauerstoffpartialdrücken im Medium. Bei den Messungen 1, 2, 3 und 5 wurde die Sonde ins Pellet eingefahren und bei Messung 4 wurde sie ausgefahren. Bei den Messungen 1 bis 4 waren Anstrich- und Strömungsrichtung identisch. Bei Messung 5 waren sie entgegengesetzt.

Nachdem festgestellt wurde, daß der Sauerstofftransport ins Pellet sowohl durch die Turbulenz als auch durch die Strömungsrichtung beeinflußt wird, wollten wir den Turbulenzeffekt direkt untersuchen. Die Profile wurden jedoch schon bei solch geringen Turbulenzintensitäten beeinflußt, bei denen sich die Turbulenzintensität mit dem Heißfilmanemometer noch nicht messen läßt. Daher wurde die Turbulenzintensität in diesem Bereich indirekt ermittelt, indem das Verhältnis der Amplitudenschwankungen-ΔpO_2 zum mittleren Gradienten dpO_2/dr der Gelöstsauerstoffkonzentration gebildet wurde. Die Turbulenzintensität Δp_{rel} ist am höchsten an der Pelletoberfläche und nimmt bis 40 µm innerhalb des Pellets ab. Danach bleibt sie konstant. Bei der Modellierung der Profile wurde die molekulare Diffusion, die ortsabhängige turbulente Diffusion und die Strömung berücksichtigt. Es gelang uns, mit dem Modell alle gemessenen Profile zu beschreiben.

Die histologischen Messungen weisen darauf hin, daß Pellets mit einem Durchmesser über 400 µm aus mehreren Schichten bestehen. In einer Schicht mit der Dicke von max. 200 µm besitzen die Zellen Cytoplasma; sie sind anfärbbar und metabolisch aktiv. In der darunter liegenden Schicht haben die Zellen kein Cytoplasma; sie sind tot, und in der Mitte des Pellets werden die Zellen durch Autolyse aufgelöst. So entstand ein Hohlraum. Mit steigendem Durchmesser des Pellets bleibt die Schichtdicke der metabolisch aktiven Zellen konstant, nur das Volumen des Hohlraumes ändert sich.

Ein Vergleich der Schichtdicke der metabolisch aktiven Zellen mit der Penetrationstiefe des Sauerstoffs weist darauf hin, daß sie gleich sind. Bei hoher Gelöstsauerstoffkonzentration im Medium (über 50% relative Sättigung) beträgt diese Schichtdicke 200 µm, unabhängig vom Pelletdurchmesser.

Bei einem Beispiel für die Anteile der Teilwiderstände bei einem Pellet von 1,1 mm Durchmesser beträgt der Filmwiderstand an der Gas/Flüssigkeitsgrenze (55%); Filmwiderstand an der Pelletoberfläche (23%); Widerstand im Pellet (22%). Bei einem Pelletdurchmesser von 0,6 mm sind die Anteile der Teilwiderstände 41%; 14%; 45%. Der Gesamtwiderstand ist am geringsten, wenn die Widerstände im Film an der Gas/flüssig-Phasengrenze und im Pellet gleich sind. Dies ist der Fall bei einem Pelletdurchmesser von 400 µ. Bei diesem Durchmesser sind alle Zellen im Pellet metabolisch aktiv (produzieren Penicillin), da sie mit Sauerstoff versorgt werden. Dies ist der optimale Pelletdurchmesser.

Welche Vorteile bietet diese Pelletsuspension? Wie schon erwähnt, wird dadurch die Mediumviskosität und der spezifische Leistungseintrag von 4—5 kW/m³ reduziert. Die auf Volumen bezogene Produktivität vermindert sich zwar um 36%; die spezifischen Penicillinproduktivitäten werden jedoch bezogen auf den Leistungseintrag um 300%, bezogen auf den Glucoseverbrauch um 30% und bezogen auf den Sauerstoffverbrauch um 15% erhöht. Da die variablen Kosten, d. h. Chemikalien- und Energiekostenanteile wesentlich höher sind als die Fixkosten (Investitionskostenanteil), bringt die Anwendung von Pellets wirtschaftliche Vorteile.

Nun einige Darlegungen zur Isolierung von Penicillin G und V aus dem Fermentationsmedium. Auch dieses Verfahren ist fast 40 Jahre alt. Da Penicillin G eine schwache Säure mit $pK_s = 2{,}7$ ist, muß das Medium stark angesäuert werden, und zwar auf pH 2, um das Penicillin G physikalisch zu extrahieren. Der Erfolg der Extraktion wird oft mit dem Extraktionsgrad E angegeben.

Abb. 4 zeigt den Extraktionsgrad als Funktion des pH-Wertes bei der physikalischen Extraktion von Penicillin G mit verschiedenen Lösungsmitteln. Auch mit den besten Lösungsmitteln gelingt es nicht, über pH 3 hinaus einen hohen Extraktionsgrad zu erreichen. Unterhalb pH 3 ist das Penicillin G sehr labil. Bei pH 2 treten Verluste in Höhe von 15—20% auf.

Wir haben uns vorgenommen, diese Verluste zu reduzieren. Dabei haben wir die Reaktivextraktion mit sekundären und tertiären Aminen herangezogen.

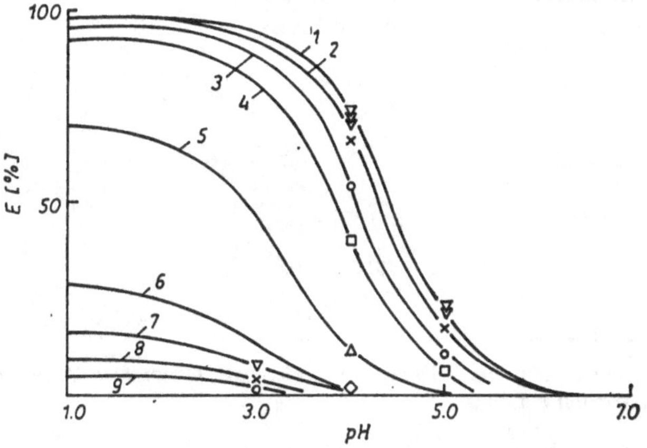

Abb. 4. Physikalische Extraktion von Penicillin G mit verschiedenen Lösungsmitteln als Funktion des pH-Wertes im Gleichgewicht

1 ▽ n-Butylacetate	C = 48	6 ◇ Dioctylether	C = 0,4
2 × iso-Butylacetate	C = 37	7 ▽ n-Hexane	C = 0,2
3 ○ iso-Amylacetate	C = 22	8 × Xylol	C = 0,1
4 □ Chloroform	C = 12,5	9 ○ Kerosene	C = 0,05
5 △ Diisopropylether	C = 2,4		

Abb. 5 zeigt, wie das Penicillinsäureanion mit dem Proton und dem Amin einen Komplex bildet, der nur im organischen Lösungsmittel löslich ist. Diese Reaktion ist eine momentane Reaktion. Daher ist der Transport der Komponenten zur Phasengrenze und von der Phasengrenze geschwindigkeitsbestimmend.

$$A_{org} + P^-_{wäßr} + H^+_{wäßr} \rightleftharpoons AHP_{org}$$

A Amin; P⁻ Penicillin G-Säureanion; AHP Komplex

Abb. 5. Reaktivextraktion von Penicillin G mit aliphatischen Aminen (Ionpaarextraktion):

Abb. 6 zeigt das Schema der physikalischen und chemischen Extraktion. Die freie Penicillinsäure in der wäßrigen Phase HP_a steht mit der in der organischen Phase HP_o im Gleichgewicht. C ist der Verteilungskoeffizient. Die freie Säure in der wäßrigen Phase dissoziiert in das Proton und in das Säureanion, die beide mit dem Amin in der organischen Phase A den Komplex AHP bilden.

In Abb. 7 ist der Extraktionsgrad von Penicillin G als Funktion des pH-Wertes, extrahiert mit dem Komplexbildner Amberlite LA-2 in n-Butylacetat, bei verschiedenen Aminkonzentrationen dargestellt. Man kann erkennen, daß sich Penicillin mit Überschuß des Komplexbildners bei pH 5 mit hohem Extraktionsgrad isolieren läßt. Die Rückextraktion kann bei pH 8 ebenfalls mit hohem Extraktionsgrad erfolgen.

Abb. 8 zeigt die Konzentrationsprofile der Komponenten an der Phasengrenze. Das Zweifilm-Modell wurde zur Auswertung der Messungen herangezogen. Mit Hilfe dieses Modells haben wir die Geschwindigkeitsgleichung ermittelt.

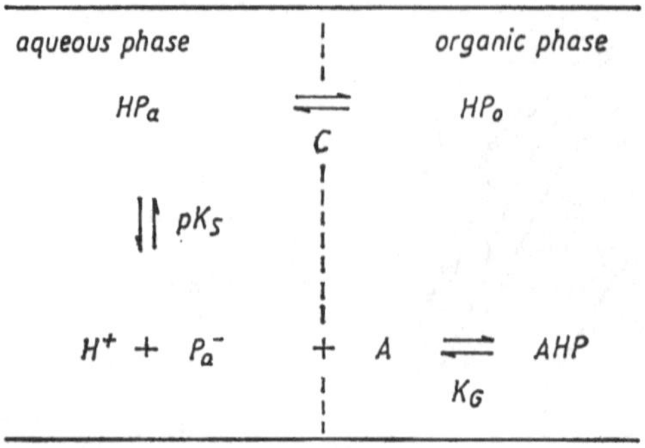

Abb. 6. Schematische Darstellung der Reaktivextraktion von Penicillin G mit aliphatischen Aminen

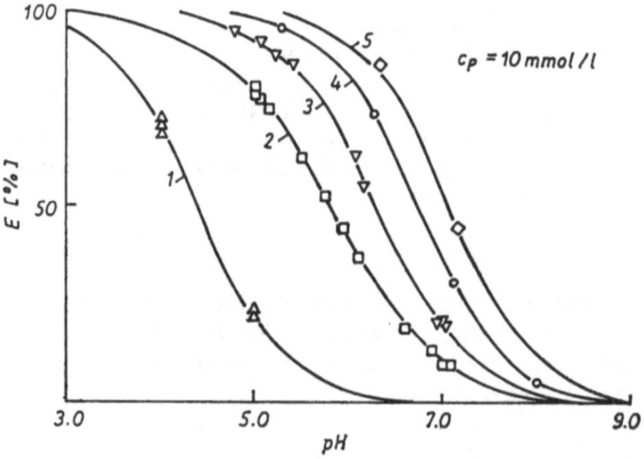

Abb. 7. Extraktion von Penicillin G mit Amberlite LA-2 in n-Butylacetat. Extraktionsgrad als Funktion des pH-Wertes im Gleichgewicht

1 △ $c_A = 0$ 4 ○ $c_A = 50$ mmol/l
2 □ $c_A = 10$ mmol/l 5 ◇ $c_A = 100$ mmol/l
3 ▽ $c_A = 20$ mmol/l

In Abb. 9 sind die mit diesem Modell und den Modellparametern berechneten Konzentrationszeitkurven (durchgezogen) mit den gemessenen (Symbole) verglichen. Die Übereinstimmung ist zufriedenstellend.
Nachdem die Kinetik der Reaktivextraktion ermittelt wurde, führten wir die Extraktion an einer Laboratoriumsextraktionsanlage mit einer Gesamthöhe von 4 m durch. 74 Lochplatten wurden in dieser KARR-Kolonne an einer Welle befestigt und in axialer Richtung oszillierend bewegt. Die organische Phase wurde am Boden und die wäßrige Phase am Kopf zugeführt. Die Verweilzeitverteilungen beider Phasen, der Volumenanteil der dispergierten Phase und die Tropfengrößenverteilungen wurden als Funktion des Durchsatzes der Phasen und der Hubfrequenz gemessen. Auch die axialen Konzentrationsverteilungen des Penicillins in der Säule wurden ermittelt (Abb. 10).
Die dimensionslose Konzentration, bezogen auf die Anfangskonzentration, ist aufgetragen gegen die dimensionslose Länge, bezogen auf die aktive Länge der Säule (2 m). Aus diesem Bild ist zu erkennen, daß bei hoher Hubfrequenz schon bei 60% der aktiven Länge der Säule eine vollständige Abtrennung des Penicillins erreicht wird.

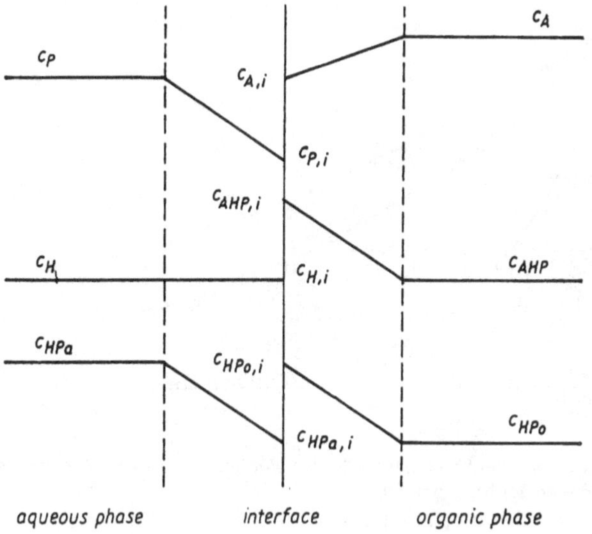

Abb. 8. Schematische Darstellung der Konzentrationsverläufe von Penicillinsäureanion c_p, Proton c_H, freie Säure c_{HPa}, Amin c_A und Komplex c_{AHP} in der Grenzschicht

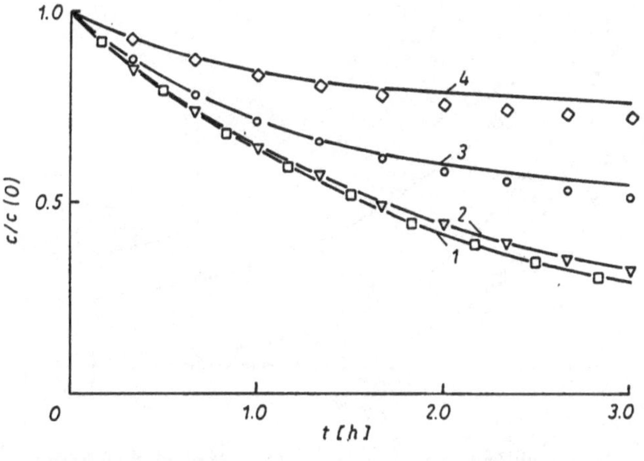

Abb. 9. Extraktion von Penicillin G mit Amberlite LA-2 in n-Butylacetat in einer Rührzelle

Penicillinkonzentration in der wäßrigen Phase bezogen auf die Anfangskonzentration als Funktion der Zeit. Anfangskonzentration des Penicillin c_p als Parameter.

1 □ c_p = 10 mmol/l	3 ○ c_p = 40 mmol/l
2 ▽ c_p = 20 mmol/l	4 ◇ c_p = 80 mmol/l

T = 20°C; pH = 5,0; c_A = 20 mmol/l

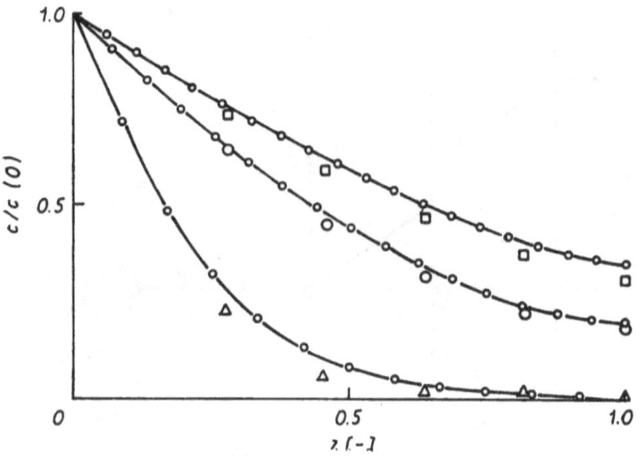

Abb. 10. Axiale Konzentrationsprofile des Penicillins in der wäßrigen Phase bei verschiedenen Hubfrequenzen

○ f = 40 min^{-1} △ f = 100 min^{-1}

◇ f = 80 min^{-1} □ f = 120 min^{-1}

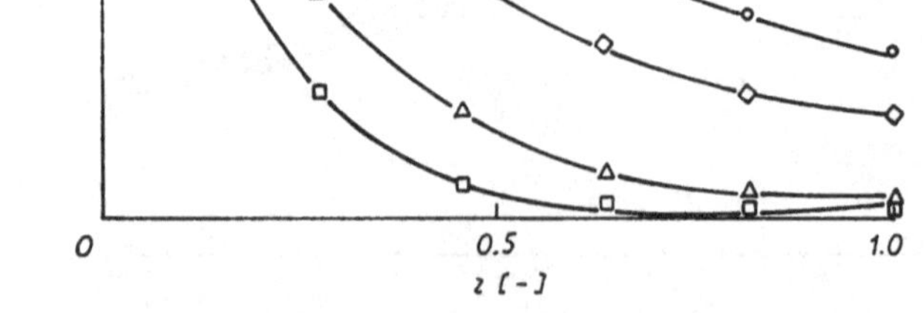

Abb. 11. Axiale Konzentrationsprofile des Penicillins in der wäßrigen Phase bezogen auf die Zulaufkonzentration bei verschiedenen Hubfrequenzen

pH = 5,0; c_A = 10 mmol/l

Vergleich der berechneten (Kurve) und gemessenen (Symbole) Werte.

□ f = 40 min^{-1}; ○ f = 80 min^{-1}; △ f = 120 min^{-1}

Die Säule wurde mit Hilfe eines Kaskaden-Modells und mit der Extraktionsgeschwindigkeitsgleichung modelliert.
Abb. 11 zeigt einen Vergleich der mit diesem Modell berechneten axialen Konzentrationsprofile von Penicillin G (durchgezogen) mit den gemessenen (Symbole) bei verschiedenen Hubfrequenzen. Die gute Übereinstimmung ist offensichtlich. Auch bei der Rückextraktion lassen sich die axialen Konzentrationsprofile von Penicillin G durch das Modell richtig beschreiben. Nachdem die Reaktivextraktion in einer Laboratoriumskolonne realisiert wurde, übertrugen wir sie in eine Technikumsanlage mit der Gesamthöhe von 8 m, die in der Gesellschaft für Biotechnologische Forschung, Braunschweig, aufgebaut wurde.

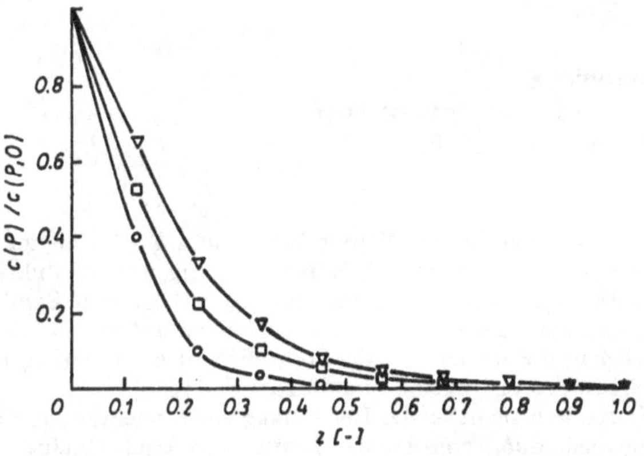

Abb. 12. wäßrige Phase: Mycelfreie, citratgepufferte Fermentationsbrühe
Hubfrequenz: 60–80 min^{-1} pH: 4,8

Amin/Lösungsmittel	LA-2/n-BuAc	LA-2/n-BuAc	LA-2/MeCl
Durchfluß aq./org. Phase	47/48 l/h	53/51 l/h	49/46 l/h
Penicillin/Amin-Konz.	2,4/7,3 g/l	4,2/15,2 g/l	3,7/11,2 g/l

In Abb. 12 sind die axialen Profile der Konzentration von Penicillin G, bezogen auf die Zulaufkonzentration als Funktion der dimensionslosen Länge, bezogen auf die aktive Länge der Säule (4 m), aufgetragen. Man kann erkennen, daß das Penicillin G aus der wäßrigen Phase schon bei 70% der Säulenlänge voll entfernt wird. Man kann eine fünffache Anreicherung während der Extraktion erreichen.
Es ist uns gelungen, mit Reaktivextraktion die Isolierverluste an Penicillin G von 15–20% auf einen Wert unter 1% zu drücken.
Diese Beispiele sollen illustrieren, daß es möglich ist, alte biotechnologische Verfahren wesentlich zu verbessern.

Eingegangen: 21. 11. 1986

Acta Biotechnol. 7 (1987) 5, 440

Book Review

M. R. ADAMS

Progress in Industrial Microbiology
Vol. 23 Microorganisms in the Production of Food
Amsterdam: Elsevier Science Publ., 1986, 316 S., 76 $

Dieser Band 23 der bewährten Reihe stellt eine Weiterführung und Ergänzung zu Band 19 dar, welcher solche traditionellen Gebiete wie Brauerei, Käseherstellung und Produktion von Soja-Soße enthält. Vorwiegend britische Autoren behandeln nun im vorliegenden Band hochaktuelle Themen, die Interessenten aus dem Bereich der Lebensmittelmikrobiologie, -biochemie und -technologie bzw. Biotechnologen, die im Bereich der Nahrungsmittelherstellung tätig sind, für ihre praktische Arbeit hinreichend Anregungen geben dürften.

So wird z. B. die Rolle der Mikroorganismen bei der Herstellung von fermentierten Milchprodukten wie Joghurt hinsichtlich der Ausbildung von Aroma, Textur und damit Qualität einschließlich gesundheitsfördernder Wirkung beschrieben.

Das Kapitel über neuere Entwicklung auf dem Gebiet der Gewinnung von Bäckerhefe bezieht auch die Erfolge ein, die durch mittels Protoplastenfusion erhaltene neue Stämme erzielt wurden.

Der Beitrag über die Produktion und Applikation von mikrobiellen Enzymen in der Nahrungsmittelindustrie, geschrieben von einem Mitarbeiter der Firma Novo, bringt in sehr gestraffter Form den aktuellen Stand des noch weiterhin in Ausdehnung begriffenen Gebietes der modernen Biotechnologie nahe.

Aus der Sicht des Mikrobiologen werden neuere Entwicklungen auf den Gebieten der thermischen Behandlung von Nahrungsmitteln zwecks Erhöhung ihrer Haltbarkeit und der aseptischen Verpackung eingeschätzt. Die biotechnologische Verwertung von Abprodukten der Nahrungsmittelindustrie wird an den Beispielen der Gewinnung von mikrobieller Biomasse, Alkohol und Biogas diskutiert.

Zwei weitere Kapitel, die dem europäischen Biotechnologen nach wie vor teilweise exotisch anmuten, nichtsdestoweniger aber durch ihre wissenschaftliche Durchdringung in letzter Zeit zunehmend Beachtung finden, sind noch zu erwähnen. Die Herstellung von Bier aus Hirse in Afrika und die fermentative Zubereitung von Fleisch- und Fischprodukten in Südostasien.

W. BECHSTEDT

Acta Biotechnol. 7 (1987) 5, 441–445

Direction of the Sustained Oscillation Trajectory in the Cell-Product Phase Plane Describing Product Inhibition on Continuous Fermentation Systems

LENBURY, Y., CHIARANAI, CH.

Department of Physics & Mathematics
Faculty of Sciences, Mahidol University
Rama 6 Road, Bangkok 10400, Thailand

Summary

A criterion for the direction (clockwise or counterclockwise) of the limit cycle in the cell mass-product phase plane is developed for a product inhibition model of a continuous microbial culture. It is then hypothesized that the model will not admit clockwise oscillations.

Introduction

Sustained oscillations in the levels of substrate, cell mass, and other products have been observed in continuous microbial cultures, even though the dilution rate and other environmental conditions are held constant [1–3]. Mathematical models have been developed to analyze the fermentation systems and show the existence of sustained oscillations in [4]. In [5], a similar analysis was carried out with a product inhibition model of a continuous fermentation process. Sustained oscillations in the cell and ethanol concentrations were shown to be a HOPF bifurcation in the underlying system of nonlinear ordinary differential equations which comprises the model. Such model consists of the following system:

$$\frac{dX}{dt} = X[\mu - D], \quad X(0) = X \tag{1a}$$

$$\frac{dP}{dt} = \frac{\mu}{Y} X - DP, \quad P(0) = P, \tag{1b}$$

where $X(t)$ denotes the concentration of cells at time t; $P(t)$ the concentration of ethanol at time t; D the dilution rate; Y the cell to ethanol yield. The specific growth rate, μ, is approximated by the equation

$$\mu = \frac{\mu_M}{1 + \frac{P}{k_P}} \tag{2}$$

where μ_M and k_P are positive constants. The yield coefficient is assumed to depend in a linear fashion on the ethanol concentration, i.e.,

$$Y(P) = C_1 + C_2 P, \tag{3}$$

where C_1 and C_2 are constants. In that paper, it was shown that, with $C_2 < 0$, the system (1) with (2) and (3) has a periodic solution, for appropriate values of system parameters, giving rise to a limit cycle in the (X, P)-plane. From computer simulations, we found only limit cycles in the the counterclockwise direction. This seems to agree with the experimental result presented by JOBSES, EGBERTS, LUYBEN, and ROELS in [6] which also shows only counterclockwise oscillations.
In this paper, we will show that the mathematical model (1) with (2) and (3) can lead only to counterclockwise oscillations. Secondly, we will develop a criterion which discriminates between clockwise and counterclockwise oscillations, from which we shall hypothesize that our model (1) with (2) and (3) will not admit clockwise oscillations.

Direction of the Limit Cycle

In this section we show that the mathematical model (1) for product inhibition on continuous fermentation with (2) and (3) exhibits oscillations only in the counterclockwise direction when its trajectory is viewed in the X—P phase plane.
We introduce dimensionless variables, $u = \frac{X}{k_P}$, $v = \frac{P}{k_P}$ and $T = Dt$, and dimensionless constants, $a = \mu_M/D$, $A = C_1$ and $B = C_2 k_P$, with which (1) becomes

$$\frac{du}{dT} = u[g(v) - 1], \quad u(0) = \frac{X^*}{k_P} = u^* \tag{4a}$$

$$\frac{dv}{dT} = \frac{g}{F} u - v, \quad v(0) = \frac{P^*}{k_P} = v^* \tag{4b}$$

where $g(v) = \frac{\alpha v}{1 + v}$

and $F(v) = A + Bv$.

This system of differential equations has only two critical points; (i) the "washout" point, (0, 0); and (ii) $(u_0, v_0) = \big(F(v_0)(\alpha - 1), \alpha - 1\big)$. We introduce another transformation of coordinates to shift the nonwashout point to the origin, namely, $x = u - u_0$ and $y = v - v_0$. We find:

$$\frac{dx}{dT} = (x + u_0)[G(y) - 1], \quad x(0) = x^* = u^* - u_0 \tag{5a}$$

$$\frac{dy}{dT} = \frac{G(y)}{f(y, \varepsilon)}(x + u_0) - y - v_0, \quad y(0) = y^* = v^* - v_0, \tag{5b}$$

where

$$G(y) = \frac{\alpha(y + v_0)}{1 + (y + v_0)} \quad \text{and} \quad f(y, \varepsilon) = A[1 + (R + \varepsilon)(y + v_0)].$$

Here $R = \frac{(1 - 2\alpha)}{(\alpha - 1)(3\alpha - 1)}$ and $\varepsilon = B/A - R$. As has been shown in a previous paper [5], ε is a bifurcation parameter i.e., when $\varepsilon = 0$, then the system exhibits a HOPF Bifurcation.
We next construct the transformation of coordinates for the linearlized version of (5) which will put the system into canonical form $z = Az$ where $z(t) = [x(t)\ y(t)]^t$ and

$$A = \begin{pmatrix} \delta & \eta \\ \eta & \delta \end{pmatrix}. \tag{6}$$

Here $\lambda = \delta \pm i\eta$ are the eigenvalues of the coefficient matrix for the linearized form of (5) about $x = y = 0$. To this end, we introduce a change of variables; $y_1 = 2x$, $y_2 = -2F(v_0)\left(\frac{1-\alpha}{\alpha}\right) y$, which gives a new system $y' = \Omega(y)$ where $y = [y_1 y_2]^t$. Furthermore, the JACOBIAN matrix of Ω is

$$\begin{pmatrix} 0 & \sqrt{\frac{1-\alpha}{\alpha}} \\ -\sqrt{\frac{1-\alpha}{\alpha}} & 0 \end{pmatrix}, \tag{7}$$

which has the desired canonical form. Since $-\sqrt{\frac{1-\alpha}{\alpha}}$ is negative, it is a well known result that the direction of the limit cycle of $y' = \Omega(y)$ is clockwise and since $(x_1 y)$ and $(y_1 y_2)$ are related through the change of variables $x = \delta_1 y_1$, $y = \delta_2 y_2$, where $\delta_1 = \frac{1}{2} > 0$ and $\delta_1 = -\frac{1}{2F(v_0)} = \frac{\alpha}{1-\alpha} < 0$, the direction of the limit cycle for (5) is counterclockwise.

After several unsuccessful attempts to change the sign of δ_2 so that limit cycle of (5) may be clockwise, we came to the conclusion that the model (1) with (2) and (3) yields only limit cycles in the counterclockwise direction.

Criteria for Direction of Limit Cycles

We now present an agreement which indicates that a necessary condition for clockwise limit cycles in the $X-P$ plane is that $\frac{d\mu}{dP} > 0$ for some value of P inside the limit cycle.

We will assume that $g(v)$ and $F(v)$ are arbitrary differentiable functions of v and, for particular values of the system parameters, the system has a clockwise limit cycle in the $u-v$ plane. Let (u_0, v_0) denote the critical point which must lie in the interior of this limit cycle. Then $g(u_0, v_0) = 1$ and $u_0 = F(v_0)\, v_0$.

Suppose $(u_0 + \varepsilon, v_0 + \varepsilon) \equiv (u_1, v_1)$ is a point on the limit cycle where ε is a small, positive number. Also, let τ be the time such that $u(\tau) = u_1$ and $v(\tau) = v_1$. Then for clockwise limit cycle, at (u_1, v_1) we must have $u' = \frac{du}{d\tau} > 0$ and $v' = \frac{dv}{d\tau} < 0$.

Using the following TAYLOR series expansions of $g(v)$ and $F(v)$ about v-v_0 evaluated at $v = v_1$:

$$g(v_1) = 1 + g'(v_0)\,\varepsilon + 0(\varepsilon)^2 \tag{8}$$

$$F(v_1) = F(v_0) + F'(v_0)\,\varepsilon + 0(\varepsilon^2), \tag{9}$$

and substituting into (4), we obtain the following expressions for u' and v' at $T = \tau$:

$$u'(\tau) = (u_0 + \varepsilon)\,[1 + \varepsilon g'(v_0) + 0(\varepsilon^2) - 1] = u_0 g'(v_0)\,\varepsilon + 0(\varepsilon^2), \tag{10}$$

and

$$v'(\tau) = \frac{1 + \varepsilon g'(v_0) + 0(\varepsilon^2)}{F(v_0) + F'(v_0)\,\varepsilon + 0(\varepsilon^2)}(u_0 + \varepsilon) - (v_0 + \varepsilon)$$

$$= -\left[1 + \frac{u_0 g'(v_0) - F'(v_0)/F(v_0) + 1}{F(v_0)}\right]\varepsilon + 0(\varepsilon^2). \tag{11}$$

Therefore, if $u'(\tau) > 0$, then, by (10), $g'(v_0) > 0$. In terms of the specific growth function, this requires the condition

$$\frac{d\mu}{dP} > 0 \tag{12}$$

since $g(v) = \mu(k_P v)/D$. With the specific growth function (2), this condition (12) cannot be fulfilled. Eigenvalue analysis of the linearized version of (4) shows that if μ is a function of P only and $\frac{d\mu}{dP} > 0$, then limit cycles do not exist. In Fig. 1, a computer simulation of (1) with (2) and (3) is shown for particular values of the system parameters.

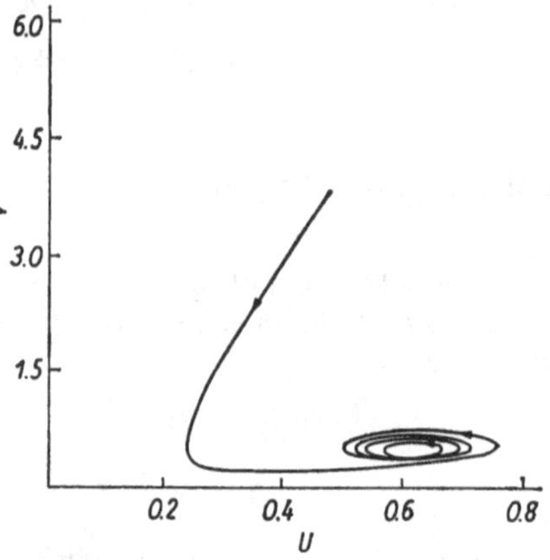

Fig. 1. Computer simulation of (4) with A = 3, B = −3.429, $\alpha = 1.5$, showing solution $(u(T), v(T))$ of (4) converging towards a limit cycle

Conclusions

In this paper, we developed a criterion for the direction of the limit cycle in the cell mass-product plane. We came to the conclusion that a necessary condition for clockwise oscillations is $\frac{d\mu}{dP}(P_0) > 0$ where P_0 is the product component of the nonwashout critical point. If, for $P > P_0$, we approximate the derivative of μ at $P = P_0$ by the ratio, $(\mu - D)/(P - P_0)$ then the condition becomes the requirement that this ratio is positive for $P > P_0$, $D = \mu(P_0)$. This gives us a statement about the relationship between the dilution rate and specific growth rate of the system. (We note that a similar study was done on a cellsubstrate model of continuous fermentation systems in [7]. Their model exhibits only clockwise limit cycles in the cell-substrate phase plane.) Physically, it is reasonable to expect that, for high product concentration ($P > P_0$), the specific growth rate should be less than the dilution rate, $\mu > D$, since the ethanol concentration is large. This would mean a negative ratio, $(\mu - D)/(P - P_0) < 0$, and a counterclockwise limit cycle, which is exhibited by our model (1) with (2) and (3), and, considering the work of Jobses, Egberts, Luyben, and Roels [6], correlates well with experimental results.

Received October 24, 1986

References

[1] FINN, R. K., WILSON, R. E.: Agric. Food Chem. **2** (1954), 66.
[2] BORZANI, W., GREGORI, R. E., VAIRO, M. L. R.: Biotechnol. Bioeng. **19** (1977) 1363.
[3] HEINZLE, E., DUNN, I. J., FURUKAWA, K., TANNER, R. D.: 1st IPAC Workshop on Modelling and control of Biotechnical Processes, Helsinki, Finland (1982).
[4] CROOKE, P. S., TANNER, R. D.: Int. J. Eng. Sc. **20** (1982), 439.
[5] LENBURY, Y., CHIARANI, C.: Appl. Microbiol. Biotechnol.
[6] JOBSES, I. M. L., EGBERTS, G. T. C., LUYBEN, K. C. A. M., ROELS, J. A.: Biotechn. and Bioeng. **8** (1986), 6.
[7] SIMON, F. A., TANNER, R. D., CROOKE, P. S., HEINZLE, E.: Biotechnol. Bioeng. Symp. 13 (1983).

Acta Biotechnol. 7 (1987) 5, 446

Book Review

REISS, J.

Schimmelpilze — Lebensweise Nutzen Schaden Bekämpfung
Berlin: Springer-Verlag, 1986, 230 S., 69 Abb., 55 Tab., 58 DM

Der Begriff „Schimmelpilze" wird in der wissenschaftlichen, mykologischen Literatur selten verwendet, aber er ist ebenso klar wie praxisorientiert. Gemeint sind Pilze, „die in erster Linie auf Lebens- und Futtermitteln wachsen ... und dadurch hohe wirtschaftliche Verluste verursachen".
Wer mit solchen Mikroorganismen zu tun hat, um Produkte zu erzeugen, oder sie zu bekämpfen, hat an diesem Buch eine wirkliche Hilfe. Biologische Grundtatsachen, wie Morphologie, Taxonomie, Verbreitung und Milieubedingungen werden auf 40 Seiten abgehandelt. Genetik und Züchtung kommen nicht vor. Die produktiven Wirkungen, wie Synthese organischer Säuren, Enzyme, Antibiotika, die Steroidtransformation und die Veredelung von Nahrungsmitteln folgen auf knappen 28 Seiten. Das Hauptanliegen besteht in der Darstellung der Schadwirkungen: Lebensmittelverderb (27 S.), Mykotoxinbildung (34 S.), Schädigung des Menschen durch Mykosen, Mykoallergosen, Mykotoxikosen (25 S.), Zerstörung von Materialien, wie Papier, Leder, Plaste, Metalle usw. (21 S.) und der Bekämpfungsmöglichkeiten (30 S.). Spezialliteratur gibt es zu jedem dieser Stichworte reichlich. Dennoch war da eine fühlbare Lücke, die dieses Buch schließt. Kaum zuvor ist dieser wichtige Stoff so knapp und gebrauchsfähig abgehandelt worden.
Der Nutzen besteht vor allem darin, daß Spezialisten, auch weiter entfernter Fachgebiete, wie Chemiker, Mediziner, Landwirte, Architekten, in die Lage versetzt werden, sich schnell zu orientieren und mykologisch vernünftig zu handeln. Verstärkt wird diese Wirkung durch klaren Text und überzeugendes Anschauungsmaterial.
Für die Ausbildung von Biotechnologen, Mikrobiologen und Chemikern kann das Buch empfohlen werden.

K. SATTLER

Acta Biotechnol. 7 (1987) 5, 447–453

In situ – Phaseolotoxinproduktion durch permeabilisierte und immobilisierte Zellen von Pseudomonas syringae pv. phaseolicola

SCHLUTTIG, A., TEICHER, R., FRITSCHE, W.

Friedrich-Schiller-Universität Jena, Sektion Biologie,
Wissenschaftsbereich Technische Mikrobiologie,
Neugasse 23, Jena, 6900

Summary

Pseudomonas syringae pv. phaseolicola, the causal agent of halo blight disease of bean (*Phaseolus vulgaris*) produces Phaseolotoxin (N^{δ}-(N'-sulpho-diaminophosphinyl)-L-ornithyl-alanyl-homoarginine) – a phytotoxic secondary metabolite – under laboratory conditions in a synthetic medium. Permeabilized (EDTA-treatement) and immobilized (Agar Agar) cells of the bacterium are capable of producing Phaseolotoxin.
Therefore an "in situ" production of this microbial phytoeffective compound using immobilized and permeabilized cells of *Pseudomonas syringae pv. phaseolicola* is possible.

Einleitung

Pseudomonas syringae pv. phaseolicola ist der Erreger der Fettfleckenkrankheit der Buschbohne (Phaseolus vulgaris). Das Bakterium bildet ein wirtsunspezifisches Phytotoxin (Phaseolotoxin), das an Bohnen Chlorosen hervorruft. Der molekulare Wirkort des Phaseolotoxins in der Pflenzenzelle ist die Ornithincarbamyltransferase innerhalb der Argininsynthese [1] und [2].
Von TEMPLETON et al. [3] wird Phaseolotoxin als N^{δ}-(N-sulphodiaminophosphinyl)-L-ornithyl-alanyl-homoarginin beschrieben. Phaseolotoxin wird unter Laborbedingungen in vollsynthetischer Nährlösung gebildet. Im Zuge der genotypischen und phänotypischen Optimierung der Phaseolotoxinfermentation untersuchten wir die Regulation der Bildung dieses mikrobiellen Sekundärmetaboliten mit phytoeffektiven Eigenschaften [4]. In der vorliegenden Arbeit stellen wir einige Ergebnisse der Untersuchungen zur Phaseolotoxinproduktion durch immobilisierte und permeabilisierte Zellen von *Pseudomonas syringae pv. phaseolicola* dar.
Die Vor- und Nachteile der Immobilisierung von Mikroorganismen für Produktsynthesen sind in den vergangenen Jahren in mehreren Übersichtsartikeln [5–15] diskutiert worden.
Während bei der Gewinnnung von Primärmetaboliten und bei mikrobiellen Transformationen immobilisierte Zellsysteme bereits eine recht breite Anwendung finden, werden bisher nur wenige Sekundärmetabolite mit dieser Methode hergestellt: Streptomycin und Dihydrostreptomycin [16], Nisin [17], Spiculinsäure [18], Penicillin G und Cephalosporin [22].

Permeabilisierte Zellen werden zur Herstellung von Primärmetaboliten (z. B. Aminosäuren [23]) verwendet. Eine Steigerung der Sekundärmetabolitproduktion durch permeabilisierte Zellen wurde von [24] und [25] an eukaryotischen Systemen beschrieben. Wir untersuchten den Einfluß von Membranpermeabilisierung und Zellimmobilisierung auf die Phaseolotoxinbildung. Durch Kopplung von Immobilisierung und Permeabilisierung entwickelten wir ein Verfahren zur „in situ"-Gewinnung eines phytoeffektiven mikrobiellen Sekundärmetaboliten.

Material und Methoden

Organismus: Für die vorliegenden Untersuchungen wurde *Pseudomonas syringae pv. phaseolicola*, Stämme 1321 und 6/0, verwendet.

Kulturmedien und Kulturbedingungen: Die Stammhaltung des Bakteriums erfolgte auf Glycerol-Bouillon-Schrägagar. Nach Überimpfen und 24stündigem Bebrüten bei 18 °C wurden die Kulturen bei 4 °C im Kühlschrank aufbewahrt. Die routinemäßige Überimpfung erfolgte im Abstand von zwei Monaten. Für die Submerskultivierung wurde eine Nährlösung folgender Zusammensetzung verwendet: 5,5 g Na_2HPO_4, 2,6 g KH_2PO_4, 1,0 g Na_2SO_4, 2,5 g NH_4Cl, 10 mg $FeSO_4 \cdot 7\,H_2O$, 10 mg $MnSO_4 \cdot 7\,H_2O$, 100 mg $MgCl_2$ und 8,8 g Glycerol auf 1 l destillierten Wassers. Die Nährlösung hat einen pH-Wert von 6,8. Die Kultivierung erfolgte in 500 ml Standrundkolben mit 100 ml Kulturflüssigkeit bei 18 °C auf einem Rundschüttler mit einer Frequenz von 260 U/min im Dunkeln. Für die Immobilisierung und Permeabilisierung wurden die Zellen aus der logarithmischen Wachstumsphase ($x = 0{,}6$ g/l) geerntet.

EDTA-Behandlung: Die Zellen wurden abzentrifugiert (10 min bei 6000 U/min) und nach dem Verwerfen des Überstandes in gleicher Menge frischer Nährlösung resuspendiert. Nach Zusatz von EDTA (Dinatriumdihydrogenethylendiamintetraacetat-2-hydrat (VEB Laborchemie Apolda, DDR)) in verschiedenen Konzentrationen erfolgte die Weiterkultivierung bei 18 °C in 500 ml Standrundkolben mit 100 ml Kulturvolumen auf Rundschüttlern.

Biomassebestimmung: Die Biomassebestimmung erfolgte durch Trübungsmessung im durchfallenden Licht bei 578 nm im Spekol (VEB Carl Zeiss Jena) mittels einer gravimetrisch ermittelten Eichkurve.

Glycerolbestimmung: Die Bestimmung von Glycerol erfolgte nach [26].

Phaseolotoxinbestimmung: Die Phaseolotoxinbestimmung erfolgte nach [27] im Agrardiffusionstest mit *Escherichia coli* als Indikatororganismus.

Permeabilisationsgrad: Die Bestimmung des Permeabilisationsgrades der Zellen erfolgte nach [28]. Die Zellen wurden in Sörensen-Puffer (pH 7,0) mit EDTA (1—50 mM) 3 Stunden geschüttelt. Nach Abzentrifugieren der Zellen wird die Extinktion des Überstandes bei 260 nm im Specord UV/VIS (VEB Carl Zeiss Jena) gemessen. Die Berechnung des Permeabilisationsgrades erfolgte nach:

$$\text{Permeabilisationsgrad} = \frac{\text{UV-Absorption mit EDTA-Zusatz}}{\text{UV-Absorption ohne EDTA-Zusatz}}$$

Der Permeabilisationsgrad unbehandelter Zellen beträgt somit 1.

Immobilisierung: Die Zellen der Vorkultur werden bei Erreichen einer Biomassekonzentration von 0,6 g/l abzentrifugiert und in 0,01 M Phosphatpuffer pH 7,0 resuspendiert. Je 1 Teil dieser Zellsuspension wird mit 5 Teilen Pufferlösung (0,01 M Phosphatpuffer pH 7,0), die 2% Agar enthält, im Eisbad vermischt. Nach Erstarren des Agarblocks wird dieser in etwa 1 mm^3 große Partikel zerkleinert (Siebpassage) und 3mal mit 0,01 M Phosphatpuffer pH 7,0 gewaschen. Das zerkleinerte Agargel wird mit Nährlösung (mit oder ohne EDTA-Zusatz) im Verhältnis 1 : 3 (v/v) vermischt und im Schüttelkolben bei einer Temperatur von 18 °C inkubiert.

Ergebnisse

Einfluß von EDTA auf Wachstum und Phaseolotoxinproduktion

Zum Nachweis der EDTA-induzierten Permeabilitätsänderungen wurde der Permeabilisationsgrad nach [28] ermittelt. Die Kinetik der Freisetzung UV-absorbierender Substanzen aus mit 10 mM EDTA behandelten Zellen zeigt einen Anstieg bis zum Erreichen des Maximums nach 120 Minuten. Danach bleibt der Permeabilisationsgrad bei weiterer Anwesenheit von EDTA konstant (Abb. 1). EDTA hemmt die Wachstums-

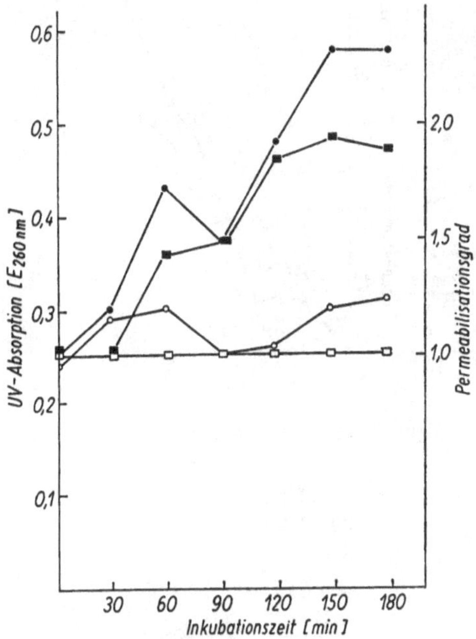

Abb. 1. Freisetzung UV-absorbierender Substanzen und Permeabilisationsgrad bei EDTA-Behandlung

○ UV-Absorption des Kulturfiltrates unbehandelter Zellen
● UV-Absorption des Kulturfiltrates EDTA (10 mM) behandelter Zellen
□ Permeabilisationsgrad unbehandelter Zellen
■ Permeabilisationsgrad EDTA (10 mM) behandelter Zellen

Tab. 1. Einfluß von EDTA (0—50 mM) auf Biomasseertrag und Phaseolotoxinproduktion nach 24 Stunden Kulturdauer

EDTA-Konzentr.	Biomasse-Konzentration [g/l]	Biomasseertrag [g/l]	Phaseolotoxinproduktion [mg/g Biomasse]
ohne EDTA	3,7	3,1	22,5
1 mM EDTA	2,2	1,6	43,0
3 mM EDTA	1,3	0,7	42,0
5 mM EDTA	0,8	0,2	32,0
7 mM EDTA	0,8	0,2	37,0
10 mM EDTA	0,6	0,0	45,0
50 mM EDTA	0,3	−0,3	5,0

geschwindigkeit und den Biomasseertrag konzentrationsabhängig, die Phaseolotoxinausbeute wird durch EDTA in Konzentrationen von 1—10 mM erhöht (Abb. 2). Eine Steigerung der Phaseolotoxinproduktion (mg Phaseolotoxin/g Biomasse) auf das etwa 2,5fache wird durch Einsatz von 10 mM EDTA erreicht. Es erfolgt eine generelle Stimulierung der Phaseolotoxinproduktion durch EDTA-Zusatz in Konzentrationen von 1 bis 10 mM bei gleichzeitiger Wachstumshemmung (Tab. 1). Dadurch wird der Einsatz von EDTA bei der Permeabilisierung immobilisierter Zellen zur Phaseolotoxinproduktion mit trägerfixierten Zellen möglich.

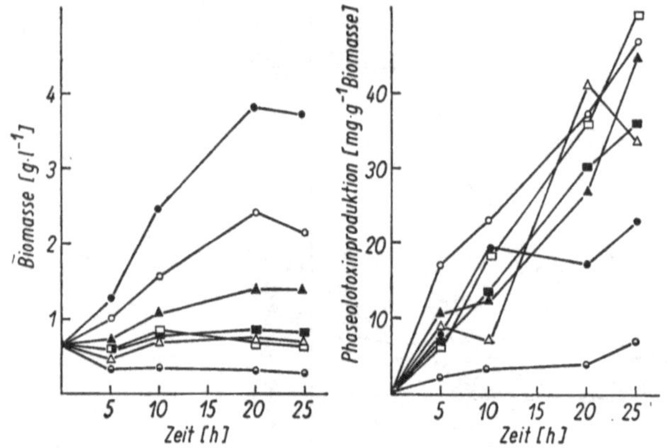

Abb. 2. Einfluß von EDTA (0—50 mM) auf Wachstum und Phaseolotoxinproduktion

● ohne EDTA
○ 1 mM EDTA
▲ 3 mM EDTA
△ 5 mM EDTA
◆ 7 mM EDTA
◇ 10 mM EDTA
◒ 50 mM EDTA

Phaseolotoxinproduktion mit immobilisierten und permeabilisierten Zellen

Immobilisierte Zellen von *Pseudomonas syringae pv. phaseolicola* sind zur Phaseolotoxinbildung befähigt (Tab. 2). Nach Zusatz von 10 mM EDTA zum Inkubationsansatz ist die Phaseolotoxinproduktion gegenüber der Variante ohne EDTA auf das 1,6-fache gesteigert. Dies trifft nur für Biomassekonzentrationen, bei denen eine ausreichende ($p(O_2 \geqq 50\%)$ Sauerstoffversorgung im Gel gewährleistet ist ($x \leqq 0{,}6$ g/l), zu.

Tab. 2. Phaseolotoxinproduktion immobilisierter *Pseudomonas*-Zellen mit und ohne EDTA-Behandlung

Biomassekonzentration im Agar [g/l]	Phaseolotoxinproduktion [mg/g Biomasse]	
	ohne EDTA	10 mM EDTA
0,58	16,3	27,5
1,18	11,4	11,0
2,18	8,4	5,7
3,37	8,0	5,6

Bei höheren Biomassekonzentrationen wird die Phaseolotoxinproduktion durch das Sauerstoffangebot limitiert (Tab. 2).
Abb. 3 zeigt die Kinetiken von Phaseolotoxinbildung und Glycerolverbrauch bei unterschiedlichen Biomassekonzentrationen im Agargel (0,56 und 2,25 g/l). Bei einer Biomassekonzentration unterhalb der der Sauerstofflimitation unserer Anlage ($x \leqq 0{,}6$ g/l) beträgt der Ertragskoeffizient für die Phaseolotoxinproduktion aus Glycerol 0,01. Bei Sauerstofflimitation ($x > 0{,}6$ g/l) sinkt der Ertragskoeffizient auf 0,001 ab. Die Effizienz der Phaseolotoxinproduktion mit immobilisierten und permeabilisierten Zellen von *Pseudomonas syringae pv. phaseolicola* wird wesentlich durch die Sauerstoffversorgung des Systems bestimmt.

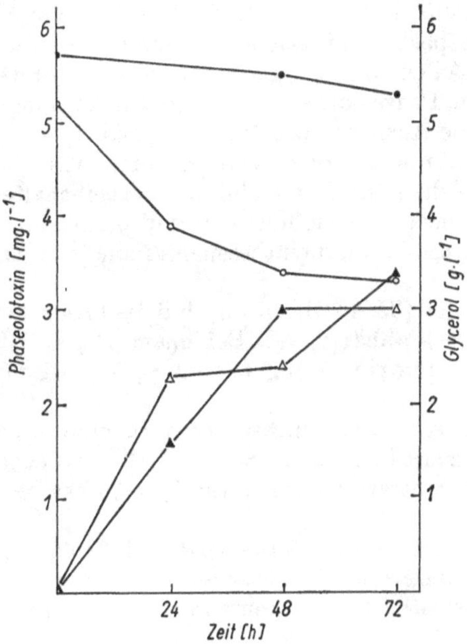

Abb. 3. Phaseolotoxinproduktion und Glycerolverbrauch durch agarimmobilisierte und permeabilisierte (10 mM EDTA) Zellen bei unterschiedlichen Biomassekonzentrationen

▲ Phaseolotoxin } $x = 0{,}56$ g/l
● Glycerol } (unlimitiert)

△ Phaseolotoxin } $x = 2{,}25$ g/l
○ Glycerol } (O_2-limitierte Produktbildung)

Diskussion

Es gibt eine Reihe von Methoden zur Erhöhung der Permeabilität mikrobieller Zellbegrenzungen. Toluen [29], Tween 60 und 80 [30] und Triton X 100 [31] werden zur Erhöhung der Membrandurchlässigkeit verwendet. In Versuchen zum Einfluß von Toluen stellten wir fest, daß dieses die Phaseolotoxinproduktion vollständig hemmt und sich somit nicht zur Erzeugung permeabilisierter Zellen, die zur Phaseolotoxinbildung befähigt sind, eignet (unveröffentlicht). Versuche mit EDTA hingegen führten zu permeabilisierten Zellen, die eine 2,5fach erhöhte Phaseolotoxinproduktion aufweisen. Diese Ergebnisse stimmen gut mit in der Literatur gemachten Aussagen über eine mögliche

Steigerung der Sekundärmetabolitproduktion mittels permeabilisierter Zellen [25, 26] überein. Die Wirkungen von EDTA auf die Zellbegrenzungen gramnegativer Bakterien sind von [28], [32] und [34] beschrieben worden. In allen untersuchten Fällen führte eine EDTA-Behandlung zu einer erhöhten Permeabilität der bakteriellen Zellbegrenzung, die sich nach [28] an einem verstärkten Ausfluß UV-absorbierender Substanzen aus der Zelle messen läßt. Mit dieser Methode wiesen wir nach, daß durch EDTA (10 mM) eine Permeabilitätserhöhung in *Pseudomonas syringae* erfolgt (Abb. 1). Elektronenmikroskopische Aufnahmen (Gefrierätzung) zeigen neben regulären sphärischen Proteinpartikeln (Kontrolle ohne EDTA) bei EDTA-behandelten Zellen fibrilläre Strukturen in der P-Bruchfläche der äußeren Membranen (eigene Ergebnisse, unveröffentlicht).
Bei Einsatz von EDTA erhält man permeabilisierte, nicht wachsende und in erhöhtem Maße Phaseolotoxin bildende Zellen (Tab. 1 u. Abb. 2), die eine gute Voraussetzung für eine Phaseolotoxinproduktion mit permeabilisierten und immobilisierten Zellen darstellen. Die Immobilisierung der Zellen in 2% Agar Agar führt in Anwesenheit von 10 mM EDTA nach 24 Stunden zu Phaseolotoxinausbeuten von 27,5 mg/g Biomasse. Die Kontrolle ohne EDTA zeigt eine Ausbeute von 16,3 mg/g Biomasse. Dies bedeutet eine Steigerung durch Permeabilisierung auf das 1,6fache. Somit wird die Steigerung durch EDTA-Behandlung mobiler Zellen durch Immobilisierung beibehalten. Damit ist die Herstellung von Phaseolotoxin mittels immobilisierter und permeabilisierter Zellen möglich und beinhaltet alle Vorteile, die Produktsynthesen mit immobilisierten Systemen bieten.
Aus vorangegangenen Untersuchungen [35, 4] wissen wir, daß die Phaseolotoxinbildung wesentlich vom Sauerstoffpartialdruck abhängig ist: Bei einem $pO_2 \leqq 50\%$ kommt es zu einer rapiden Abnahme der Phaseolotoxinbildung, bei $pO_2 \leqq 20\%$ wird die Phaseolotoxinproduktion eingestellt.
Diese starke Abhängigkeit der Phaseolotoxinsynthese vom Sauerstoffangebot macht sich bei immobilisierten Zellen besonders bemerkbar. Sie limitiert entsprechend dem verwendeten Belüftungssystem die Konzentration immobilisierbarer, Phaseolotoxin bildender Biomasse (Tab. 2).
Je nach der Effizienz der Sauerstoffbereitstellung kann bei der Phaseolotoxinproduktion mit immobilisierten und permeabilisierten *Pseudomonas*-Zellen mit unterschiedlich hoher Biomassekonzentration gearbeitet und dementsprechend die Endausbeute an Phaseolotoxin beeinflußt werden.

Eingegangen: 27. 10. 1986

Literatur

[1] PATIL, S. S., KOLATTUKUDY, P. E., DIMIND, A. A.: Plant Phys. **46** (1970), 752.
[2] TURNER, J. G., MITCHELL, R. E.: Plant Phys. **79** (1985), 468.
[3] TEMPLETON, M. D., MITCHELL, R. E., SULLIVAN, P. A., SHEPHERD, G.: Biochem. J. **228** (1985), 347.
[4] SCHLUTTIG, A., TEICHER, R., NÜSKE, J., FRITSCHE, W.: Patent-Nr. WP C 12 D/291 656 5 (1986).
[5] CHIBATA, I., TOSA, T.: Adv. Appl. Microbiol. **22** (1977), 1.
[6] ATKINSON, B., LEWIS, P. J. S.: Fungal Biotechnology — Mycological Society Symposium, I. E. SMITH, D. A. BERRY, B. KRISTIANSEN Eds. (Academic, New York, 1980) Series 3, p. 153.
[7] VENKATASUBRAMANIAN, K., VIETH, W. R.: Progr. Ind. Microbiol. **15** (1979), 61.
[8] SUZUKI, S., KARUBE, I.: ACS Symp. Ser. **106** (1979), 59.
[9] CHIBATA, I., TOSA, T.: TIBS **5** (1980), 88.
[10] CHIBATA, I.: Annu. Rev. Biophys. Bioeng. **10** (1981), 197.
[11] BERGER, R.: Acta Biotechnol. **1** (1981), 73.

[12] Berger, R.: Acta Biotechnol. **2** (1982), 343.
[13] Klibanov, A. M.: Science **219** (1983), 722.
[14] Kolot, F. B.: Process Biochem. **19** (1984), 7.
[15] Deo, Y. M., Costerton, J. W., Gaucher, G. M.: Dev. Ind. Microbiol. **25** (1984), 491.
[16] Guttag, A.: DE-Offenleg. 2304030 (1973).
[17] Egorov, N. S., Baranova, I. P., Kozlova, Yu. I.: Antibiot. **23** (1978), 872.
[18] Inoue, K.; JP-Patent 7841486 (1978); Chem. Abstr. 89: 40891.
[19] Morikawa, Y., Karube, J., Suzuki, S.: Biotechnol. Bioeng. **21** (1979) 261.
[20] Veelken, M., Pape, H.: Eur. J. Microbiol. Biotechnol. **15** (1982) 206.
[21] Deo, Y. M., Gaucher, G. M.: Biotechnol. Lett. **5** (1983) 125.
[22] Freeman, A., Aharonowitz, Y.: Biotechnol. Bioeng. **23** (1981) 2747.
[23] Demain, A. L., Birnbaum, J.: Curr. Top. Microbiol. Immunol. **46** (1968) 1.
[24] Dumortier, F., Vendrig, M.: Z. Pflanzenphysiol. **87** (1978) 313.
[25] Roos, W., Fürst, W., Luckner, M.: Secondary Metabolism and Coevolution, Luckner, M., Mothes, K., Nover, L. Eds., Nova Acta Leopoldina, Suppl. **7** (1976) 175.
[26] Rudolph, K., Rasche, E., Zeller, W.: Arch. Microbiol. **119** (1978) 219.
[27] Bublitz, F., Völksch, B.: Z. Allg. Mikrobiol. **23** (1983) 485.
[28] Hamilton-Miller, J. T. M.: Biochem. J. **100** (1968) 675.
[29] De Smet, M. J., Kingma, J., Witholt, B.: Biochim. Biphys. Acta **506** (1978) 64.
[30] Suzuki, M., Kuno, M., Tsunetomo, A., Nakao, Y.: Agr. Biol. Chem. **38** (1974) 657.
[31] Cornett, J. B., Shockman, G. D.: J. Bacteriol. **135** (1978) 153.
[32] Leive, L., Kollin, V.: Biochem. Biophys. Res. Comm. **28** (1967) 229.
[33] Leive, L.: J. Biol. Chem. **243** (1968) 2373.
[34] Elferink, J. G. R.: Protoplasma **80** (1974) 261.
[35] Nüske, J.: Thesen Dissertation A, Jena 1985.

Acta Biotechnol. 7 (1987) 5, 454

Book Review

Bioproducts

Managing Editor: A. Fiechter

DDR-Ausgabe von Advances in Biochemical Engineering/Biotechnology
Vol. 33
Akademie-Verlag Berlin 1986; 108 M, 169 S.

In den letzten Jahren hat die Biotechnologie einen rasanten Aufschwung erfahren und verschiedenste Fachgebiete durchdrungen. Dieses Buch versucht mit 5 Beiträgen diese Vielfalt zu illustrieren. Heute ist es möglich, ein interessierendes Gen in verschiedene Wirte zu klonieren. T. Imanaka stellt im 1. Beitrag dar, welche Schritte notwendig sind, um Biomaterial industriell zu produzieren. Dabei werden einige allgemeine Konzepte der recDNA-Technik in der Industrie diskutiert. Der folgende Beitrag von A. Kimura beschäftigt sich mit Beispielen zur Konstruktion mikrobiol. Bioreaktoren oder biokatalytischer Systeme unter Verwendung der recDNA-Technik und mit der Produktion von ATP und Glutathion durch genetisch bearbeitete Zellen. Im 3. Beitrag stellen D. Haferburg et al. von Pilzen, Hefen und Bakterien gebildete oberflächenaktive Substanzen vor. Dabei werden ihre physiologische Bedeutung und die damit verbundenen mikrobiol. Prozesse dargestellt und kommerzielle Möglichkeiten aufgezeigt. K. Yonaha und K. Soda stellen uns im nächsten Beitrag die interessante Eigenschaft einiger Enzyme, ihre Stereoselektivität und deren Ausnutzung zur Synthese optisch aktiver Amino- und Alpha-Hydroxysäuren und zur radioaktiven Markierung von Aminosäuren, Aminen und Coenzymen vor. Shieh & J. Keenan bringen mit dem „Fluidized Bed Film Reaktor“ ein Beispiel für die Anwendung von Biofilm-Prozessen zur Abwasserbehandlung, zur kommerziellen Biomassekonvertierung und zur biochemischen Produktion. Dabei wird vom gegenwärtigen Verständnis der Biofilm-Phänomene ausgegangen und besonderer Wert auf mikrobielle und kinetische Aspekte gelegt. Die Beiträge sind sehr fundiert und mit umfangreichen Literaturverzeichnissen ergänzt.

E. Spanier

Acta Biotechnol. 7 (1987) 5, 455—460

Nutzung cellulosehaltiger Abprodukte bei der Biosynthese von Cellulasen

POBEDIMSKIJ, D. G., MUKMENEV, I. E., SAVDUR, V. I., LIAKUMOVIC, A. G., AGADGANJAN, S. I.

Kazan Chemikal Industry Institute,
420015 Kazan, K. Marks Street 68, USSR

Summary

It was analysed the influence of different pretreatment methods of cellulosic materials to increase the productivity of the cellulase biosynthesis.
The most effective pretreatment method for cotton cellulose is the thermomechanical destruction in a worm extruder (5—15 minutes) with hydrolysis catalyts.
The enzymatic saccharification degree was increased about 4 fold. Utilizing a pretreated cellulose an increase of 70—120% in C_1-activity was found besides their level was stabilized in higher values.
It was demonstrated that enzymatic hydrolysis parameters would be applied as model for biochemical utilization of cellulosic materials in the biosynthesis of cellulases.

Einleitung

Cellulosehaltige Abprodukte, die bei der Holzverarbeitung, in der Landwirtschaft, der Papierherstellung und in anderen Industriezweigen anfallen, enthalten eine beträchtliche Menge an Polysacchariden, aus denen durch enzymatische Hydrolyse Zucker gewonnen werden können. Außerdem können solche Abprodukte als billige Rohstoffe zur Gewinnung verschiedenartiger Biosyntheseprodukte in der mikrobiologischen Industrie dienen, womit gleichzeitig ein Beitrag zur Reinhaltung der Biosphäre geleistet werden kann. Deshalb wird gegenwärtig den Cellulasen verstärktes Interesse entgegengebracht. Ein Schwerpunkt stellt die Isolierung hocheffektiver Stämme cellulaseproduzierender Mikroorganismen dar. Eine Möglichkeit zur Steigerung der Cellulaseaktivität besteht im Einsatz von Induktoren, die die Biosynthese der Cellulase initiieren. Als Induktoren können verschiedene cellulosehaltige Stoffe dienen, wie z. B. Baumwolle, Filterpapier, Sägespäne, Stroh usw., die dem Nährmedium als Kohlenstoffquelle zugefügt werden [1]. Beispielsweise wurde Cellulase durch Kultivierung des Pilzes *Trichoderma reesei* auf Nährmedien, die Cellulose als C-Quelle enthielten, produziert [2].
Eine wesentliche Intensivierung der Biosynthese erzielt man durch ein fed-batch-Regime hinsichtlich des Zufügens der Cellulosequelle in der Phase der Enzymsynthese. Diese Kultivationsmethode ermöglicht eine Steigerung der Cellulaseproduktion um das Zweifache- und eine Verkürzung der Kultivationsdauer um 36 Stunden, allerdings besteht eine erhöhte Kontaminationsgefahr [3].

Es ist bekannt, daß die Vorbehandlung der cellulosehaltigen Abprodukte in den meisten Fällen eine notwendige Vorstufe darstellt, um den Gesamtprozeß ökonomisch zu gestalten. So bewirkt eine thermische Vorbehandlung von Rübenschnitzeln bei einer Temperatur von 121 °C über 30 Minuten mit anschließendem Waschen und Trocknen [4] beim Einsatz in einem Nährmedium für die Cellulaseproduktion eine Ausbeutesteigerung um 20—25%. Den gleichen Effekt bewirkt die Vorbehandlung mit einer verdünnten 4%igen Laugelösung über 12—14 Stunden bei Zimmertemperatur und anschließendem Waschvorgang. Allerdings sind diese Methoden der Vorbehandlung arbeits- und zeitaufwendig. Vorteilhafter erscheint ein Verfahren, das eine enzymatische Vorbehandlung der Rübenschnitzel mit Cellulase vorsieht, wobei das Enzym dem Medium vor der Sterilisation zugegeben wird [5].

Untersuchungsobjekte und -methoden

In der vorliegenden Arbeit wird der Einfluß verschiedener Vorbehandlungsverfahren auf cellulosehaltige Abprodukte, die als Substrate oder Induktoren in Nährmedien für die Biosynthese von Cellulasen dienen, untersucht. Wir verwendeten industrielle Baumwollabfälle mit einem Cellulosegehalt von 92—93% und einem Kristallisationsgrad von 73—75%. Diese nahezu reine Cellulose wurde einer thermochemischen, einer thermomechanischen und chemischen sowie einer enzymatischen Behandlung mit kommerziellen Enzympräparaten unterworfen.
Die thermomechanische Bearbeitung wurde in einem Schneckenextruder [6] bei 100 bis 120 °C und einem Druck von 1,0—1,3 atm vorgenommen, die Behandlungsdauer betrug 5—15 Minuten. Die chemische Behandlung erfolgte (a) mit 0,5%iger Schwefelsäure, (b) mit einer 1%igen Natronlauge und (c) mit einer elektrochemisch aktivierten 1%igen Natriumchloridlösung, die entweder aus dem Anodenraum entnommen wurde (Anolyt: pH = 2, $\varphi = +500$ mV, Säuregehalt einer 0,08—0,1%igen Salzsäure äquivalent), oder dem Katodenraum (Katolyt: pH = 12, $\varphi = 700$ mV, Laugenkonzentration entspricht 0,08—0,1%iger Natronlauge) entstammt. Die Elektrolytlösungen wurden der Anoden- bzw. Katodenkammer einer mit einer Gleichstromquelle VSA-5 betriebenen Diaphragmaelektrolysezelle nach einer Aktivierungsperiode von fünf Minuten entnommen. Die thermochemische Behandlung (ohne mechanische Beanspruchung) erfolgt bei 100 °C und 120 °C, einem Druck von 1,0 atm und 1,2 atm, einem Hydromodul von 5 und 10, einer Behandlungszeit von 30 und 90 Minuten. Der durch die Vorbehandlungsprozesse erreichte Verzuckerungsgrad der Baumwollfasern wurde aus dem Zuckergehalt der flüssigen Phase ermittelt. Die Cellulosemasse wurde nach der Vorbehandlung mit Leitungswasser bis zur neutralen Reaktion des Waschwassers gespült und bis zur Gewichtskonstanz bei 100—110 °C getrocknet. Die enzymatische Vorbehandlung wurde unter Einsatz eines industriellen Enzympräparates „Zelloviridin G 3X" mit einer Aktivität C_1 und von 50 Einh./g bei einer Temperatur von 50 ± 1 °C in 100 ml-Kolben und einer Schüttelfrequenz von 50 min^{-1} vorgenommen. Das Reaktionsgemisch enthielt 5% Substrat und 0,5% Enzym. Der optimale pH-Wert von 4,7 wurde mit Hilfe einer Pufferlösung (0,1 M CH_3COOH, 0,1 M CH_3COONa) eingestellt. Die Fermentationsdauer betrug 8 Stunden. Die Menge reduzierender Zucker im Überstand wurde mittels der SOMOGYI-NELSON-Methode sowie mit Kaliumcyanoferrat als dem Standardverfahren zur Bestimmung der Cellulaseaktivität bestimmt. Das vorbehandelte Substrat wurde einem Nährmedium beigegeben, das Rübenschnitzel, Malz, Treber, $(NH_4)_2SO_4$, KH_2PO_4 und $MgSO_4 \cdot 7\,H_2O$ enthielt.
Das Volumen der Nährlösung in konischen 700 ml-Schüttelkolben betrug 140 cm^3. Die Kultivierung erfolgte bei einer Temperatur von 28—30 °C im Laufe von 130—140 Stunden auf einer rotierenden Schüttelmaschine bei einer Schüttelgeschwindigkeit von

200 min^{-1}. Es wurden *Trichoderma viride*-Kulturen benutzt. Der Eintrag an vorbehandelter Cellulose betrug 50% der Masse an Rübenschnitzeln. Die Aktivität C_1 wurde nach 20minütigem Zentrifugieren bei 5000 min^{-1} im Zentrifugat bestimmt. Als Maßeinheit der Cellulaseaktivität diente diejenige Enzymmenge, die bei Einwirkung auf 50 mg Chromatographiepapier bei 50 °C und einem pH-Wert von 4,7 im Laufe einer Stunde 1 mg reduzierender Zucker erzeugt.

Ergebnisse und Diskussion

Die Experimente zeigten, daß thermochemische und thermomechanische Destruktion einen höheren Verzuckerungsgrad der Cellulose (prozentuale Ausbeute an reduzierenden Zuckern bezogen auf Substratmasse) gestatten.

Aus Abb. 1 wird ersichtlich, daß im Verlauf einer sauren bzw. basischen Vorbehandlung von Baumwolle nur geringe Mengen an reduzierenden Zuckern gebildet werden, die anschließende Fermentation aber bedeutend intensiver veräuft als im Kontrollversuch. Die kombinierte thermomechanisch-thermochemische Vorbehandlung erwies sich dabei als um das 1,5—2fache effektiver als die ausschließlich thermochemische.

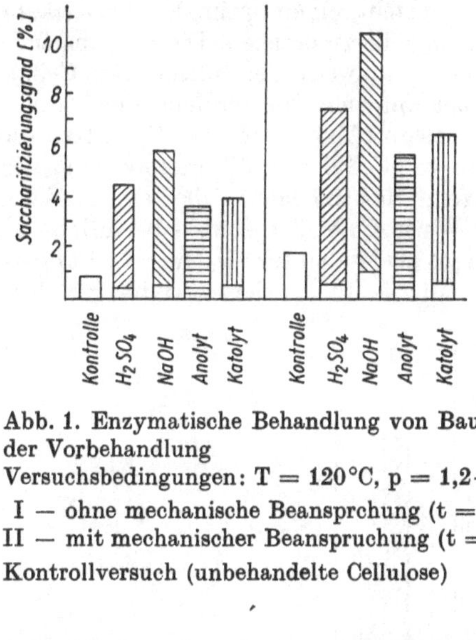

Abb. 1. Enzymatische Behandlung von Baumwollcellulose in Abhängigkeit der Art der Vorbehandlung
Versuchsbedingungen: T = 120 °C, p = 1,2—1,3 atm. Hydromodul 10
I — ohne mechanische Beansprchung (t = 30 Minuten)
II — mit mechanischer Beanspruchung (t = 15 Minuten)
Kontrollversuch (unbehandelte Cellulose)

Ein Vergleich der Wirksamkeit des Zusatzes der verschiedenen Elektrolytlösungen zeigt, daß diese trotz ihres geringen Gehalts an Säure bzw. Lauge eine mit verdünnter Schwefelsäure bzw. Natronlauge durchaus vergleichbare hydrolytische Wirksamkeit aufweisen. Berechnet man spezifische Verzuckerungsgrade, indem man die Werte auf die Konzentration der hydrolytisch wirksamen Agentien bezieht, so wird die größere Effektivität der Elektrolytlösungen im Vergleich mit den traditionellen Hydrolysekatalysatoren (reine Säuren und Laugen) deutlich (Tab. 1).

Ein weiterer Vorteil derartiger Elektrolytlösungen besteht in ihrer leichten Zugänglichkeit und der geringeren Korrosionswirkung. Ohne einen Wirkungsmechanismus des Einflußes der Elektrolytlösungen auf chemische und biologische Objekte diskutieren zu wollen, kann man doch annehmen, daß die unipolare Behandlung wäßriger Salzlösungen (in einem abgetrennten Elektrodenraum) zur Bildung labiler saurer und basischer

Tab. 1. Vergleich der spezifischen Verzuckerungsgrade bei der enzymatischen Behandlung von Cellulose in Abhängigkeit von der Art der Vorbehandlung[1]) und des Hydrolysekatalysators.

Hydrolysekatalysator	Konzentration des Hydrolysekatalysators [%]	Spezifischer Verzuckerungsgrad (rel. Einheiten)	
		ohne mechanische Vorbehandlung	mit mechan. Vorbehandlung
H_2SO_4	0,5	8,04	14
NaOH	1,0	5,2	10,1
Anolyt	ca. 0,1	33	58
Katholyt	ca. 0,1	40	65

[1]) Versuchsbedingungen: T = 120°C, p = 1,2—1,3 atm, Hydromodul = 10.

Zwischenprodukte führt, die die Hydrolyse cellulosehaltiger Substanzen katalysieren können.

Wir hatten es uns nicht zur Aufgabe gemacht, einen optimalen Verzuckerungsgrad bei der enzymatischen Hydrolyse der Baumwolle zu erzielen. Die von uns erzielten Ergebnisse dienten als Modell für die Nutzung teilweise destrukturierter Cellulose als Substrat in der Biosynthese cellulolytischer Enzyme. Ein Vergleich der Daten der enzymatischen Vorbehandlung der Baumwollfasern (Abb. 1) und der C_1-Aktivitätswerte in der Kulturlösung, die bei der Biosynthese von Cellulasen mit entsprechend vorbehandelter Baumwolle eingesetzt wird (Abb. 2), zeigt, daß in beiden Fällen eine Änderung der experimentellen Bedingungen in analoger Weise die Meßergebnisse beeinflußt. Folglich kann der Fermentationsprozeß des Substrates als Modell für die Untersuchung des Einflusses verschiedener Vorbehandlungsarten auf die Biosyntheseaktivität in der Cellulasege-

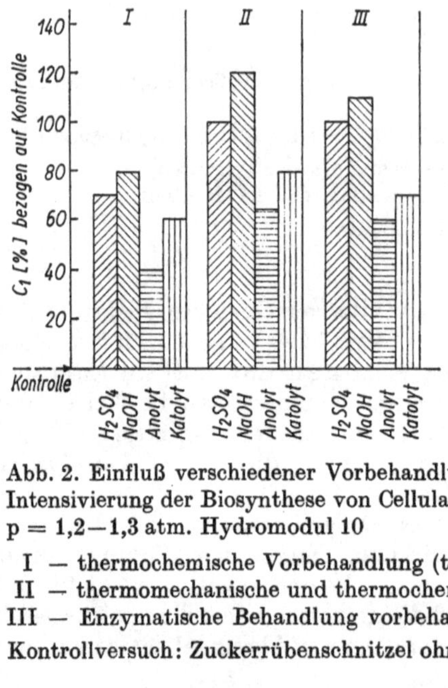

Abb. 2. Einfluß verschiedener Vorbehandlungsarten von Baumwollcellulose auf die Intensivierung der Biosynthese von Cellulasen. Art der Vorbehandlung: T = 120°C, p = 1,2—1,3 atm. Hydromodul 10

I — thermochemische Vorbehandlung (t = 30 Minuten)
II — thermomechanische und thermochemische Vorbehandlung (t = 15 Minuten)
III — Enzymatische Behandlung vorbehandelter Cellulose (t = 8 Std., T = 50°C)
Kontrollversuch: Zuckerrübenschnitzel ohne Cellulosezusatz

winnung dienen. Das vermindert wesentlich die Dauer und den Aufwand für die Experimente zur Cellulasebiosynthese.

Aus den in Abb. 2 zusammengefaßten Ergebnissen der Nutzung vorbehandelter Cellulosesubstrate in der Cellulasebiosynthse folgt, daß die optimale Vorbehandlungsmethode in einer thermomechanischen Destruktion in Gegenwart basischer Hydrolysekatalysatoren besteht (C_1-Aktivität im Vergleich zum Kontrollexperiment: Rübenschnitzel ohne Cellulasezusatz). Allerdings zeigt die Behandlung der Baumwollfasern mit sauren Katalysatoren (Schwefelsäure und Anolyt) fast die gleiche Wirkung. Offenbar führt eine Vorbehandlung in Gegenwart von Hydrolysekatalysatoren zur Destruktion der Cellulosefasern und zu einer Verringerung ihres Kristallisationsgrades und Verbesserung ihrer Induktionswirkung.

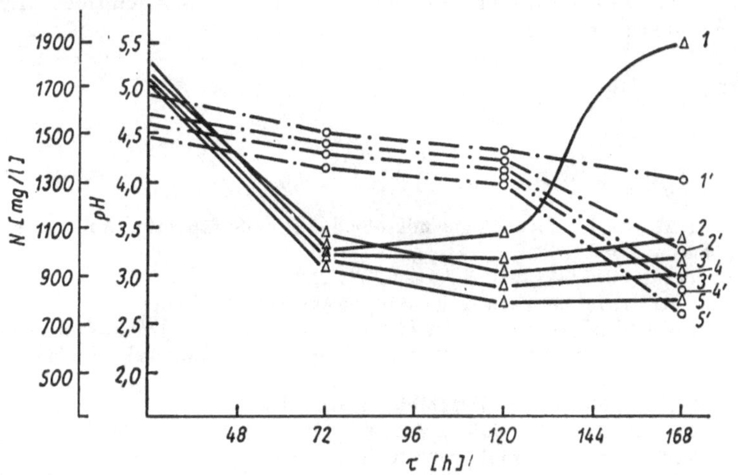

Abb. 3. pH-Werte und Stickstoffgehalt des Kulturmediums im Laufe der Kultivierung

1 — Kontrollversuch (Zuckerrübenschnitzel)
2 Cellulose
3 thermomechanisch vorbehandelte Cellulose
4 thermochemisch vorbehandelte Cellulose (1% NaOH)
5 thermomechanisch thermochemisch vorbehandelte Cellulose (1% NaOH)
Änderung des pH-Wertes: Kurven 1—5
Änderung der N-Konzentration: Kurven 1'—5'.

Eine enzymatische Vorbehandlung schon anderweitig vorbehandelter Cellulosesubstrate erhöht deren induzierende Fähigkeiten ebenfalls, allerdings nicht in einem ökonomisch vorteilhaften Maße (Abb. 2). Die Intensivierung der Cellulasebiosynthese kann auch durch Veränderung des pH-Wertes und der Konzentration an gebundenem Stickstoff im Verlaufe der Fermentation verfolgt werden (Abb. 3). Der optimale pH-Wert für die Biosynthese cellulolytischer Enzyme liegt bekannterweise bei 3,2—3,5. Bei niedrigen pH-Werten des Kulturmediums stagniert das Wachstum die Kultur gerät in einen preautolytischen Zustand und es setzt eine intensive Enzymausschüttung ein, die in der totalen Autolyse der Zellen endet [7]. Bei langer Fermentationsdauer steigt der pH-Wert an. Es ist desweiteren bekannt, daß ein konstanter pH-Wert im Bereich von 3,0—3,5 zu einer Erhöhung der Cellulaseausbeute führt [8]. Unter unseren Bedingungen verläuft die Biosynthese der Enzyme in cellulosehaltigen Medien bei einem pH-Wert von 3,0—3,5, wobei dieser Wert etwa ab viertem Fermentationstag konstant bleibt. Das wird offenbar durch die größere Pufferkapazität der cellulosehaltigen Medien und durch die erhöhte Dauer der Biosynthese bei maximaler Enzymausbeute bewirkt. Der gebundene Sauerstoff Stickstoff wird in den cellulosehaltigen Medien intensiv verbraucht, wie Abb. 3 ausweist. Im Ergebnis unserer Experimente haben wir auch eine stabilisierende Wirkung der cellulosehaltigen Substrate auf die Enzymaktivität im Kulturmedium feststellen können. So bleibt nicht nur die anfängliche C_1-Aktivität bei Zimmertemperatur über einen langen Zeitraum (bis zu 20 Tagen) stabil, sondern in einer Reihe von Fällen konnte sogar eine Steigerung der Aktivität konstatiert werden. Im Durchschnitt lag die C_1-Aktivität der Kulturflüssigkeiten mit verschiedenartig vorbehandelten Celluloseanteilen nach 20 Tagen um 20—30% über dem Kontrollniveau. Dies könnte erklärt werden, daß ein Teil der Cellulaseenzyme an der Zellulose adsorbiert war und anschließend resorbiert wird. Außerdem verhindert der niedrige pH-Wert der Kulturlösung die rasche Entwicklung einer störenden Mikroflora.

Eingegangen: 17. 10. 1986

Literatur

[1] GRAČEVA, I. M. et al.: Technologie mikrobieller Eiweißpräparate, Aminosäuren und Fette (Russ.), Moskau, 1980.
[2] BRD-Patent No. 1945147, 1970 (Klasse 6, 22/04).
[3] GERNET, M. V.: Die Intensivierung der Biosynthese cellulolytischer Fermente bei Suspensionskultivierung von *Trichoderma longibrachiatum* 7—26 in verschiedenen Nährmedien, Kontrolle und Steuerung biotechnologischer Prozesse, Thesen der Allunionskonferenz, Gorki, 20—24. Mai 1985.
[4] UdSSR-Patent No. 368303, Bull. izobretenij, 1973, No. 2.
[5] UdSSR-Patent No. 3486197, Bull. izobretenij, 1984, No. 4.
[6] UdSSR-Patent No. 863334, Bull. izobretenij, 1984, No. 34.
[7] OSTRIKOVA, N. A., KONOVALOV, S. A.: Cellulolytische Fermente, reale Möglichkeiten und Perspektiven ihrer Anwendung, Übersichtsartikel, Serie V. Moskau, ONTITEIMikrobioprom. 1983.
[8] KVAČADZE, L. I. et al.: Prikl. Biokim. Mikrobiol., **XVI** (1980), 2, 185.

Acta Biotechnol. 7 (1987) 5, 461–467

A Cellulase Enzymic Product: Industrial Processing and Possible Applications

PANAJOTOV, Ch. A., ATEV, A. P., STOJANOV, I. M., PEEV, P. A.

Biological Faculty, The University of Sofia
8 Dragan Tsankov Blvd
1421 Sofia, Bulgaria

Summary

From the Engineering Biology Department of Sofia University's microbiological collection a *Trichoderma* species mutant strain was found to be most promissing on preparation of cellulase enzymic products. Based on solid-phase and submerged cultures laboratory and industrial scale procedures for obtaining cellulase products were developed. Different enzyme application possibilities were investigated and the results were presented.

Cellulose-containing wastes from woodworking, agriculture, the food industry, the wood-paper industry, etc. hold considerable amounts of polysaccharides that are transformable into sugar solutions. These can be converted to serve as foods, energy, medicines, or source materials for the chemical industry. [1, 4, 6, 7]

Throughout the world, cellulose-containing substrates potentially usable in bioconversion processes are estimated to be produced at a rate of more than two million tons per year. [5] There is thus an interest in enzymic hydrolysis of cellulose from both a scientific and practical viewpoint. [2, 3, 8, 9]

Enzymic hydrolysis of cellulose is currently conceived as a complex, multistep process catalyzed by the synergetic action of enzymes having each a definite substrate specificity and mechanism of action. Enzymic hydrolysis of cellulose is accomplished by at least three enzymes comprising the so-called cellulase enzymic complex [4, 7,]: cellulase (C_x enzyme, E.C. 3.2.1.4), exocellobiohydrolase (C_1 enzyme, E.C. 3.2.1.91), and β-glucosidase (cellobiase, E.C.3.2.1.21).

It is this polyenzymic feature of cellulase preparations that makes it difficult to obtain them, as they have to contain all the necessary individual enzymes in appropriate ratio.

In Bulgaria, the leading unit for research into preparation and application of cellulase enzymic products is the Engineering Biology Department of Sofia University.

Preparation of Cellulase Enzymic Products

From the Department's microbiological collection of cellulase enzyme producers — mostly mutant cultures — most promising was found to be a mycelium forming strain, *Trichoderma sp.* M_7. Based upon solid-phase cultures and submersed cultures of this producer, laboratory and industrial scale procedures for obtaining cellulase enzymic products were developed.

Enzymic activity of the cellulase complex was determined with the following substrates: cotton for C_I enzyme, Na-CMC for C_X enzyme, and p-Nitrophenyl-β-D-glucopyranoside for β-glucoside activity. Enzymic activities were recorded in units representing milligrams glucose released from the corresponding substrates under the assay conditions.
For solid-phase cultures, the producer was grown in metal cuvettes, at substrate humidity 65%, with periodic stirring. As shown by the test results (Tab. 1), activity was highest for the enzymic product obtained after growing the producer in a mixture of equal parts of wheat bran and wheat straw for induction of enzyme biosynthesis.

Tab. 1.

Substrates studied	Enzymic activity, U/g product		
	C_1 enzyme	C_x enzyme	β-glucosidase
Wheat straw	625	1860	110
Wheat bran	325	960	73
Maize stocks	485	1100	96
Micricel	210	320	12
Wheat straw + wheat bran (1:1)	3500	8600	140
Wheat straw + maize stocks + wheat bran (1:1:1)	2540	6850	125
Wheat bran + Micricel (1 : 1)	420	965	35

An industrial process for obtaining technical-grade cellulase enzymic product, using submerged cultivation of the producer strain was developed and successfuly introduced. As carbon source and enzyme biosynthesis inducer served a microcrystalline cellulose, Micricel. The fermentation medium was supplemented with wheat bran and soybean meal; the latter component provided efficient buffering of the growth medium, which allowed to keep the pH of the fermentation medium within 3.2—3.5 in the enzyme biosynthesis phase. At this pH level, active and well balanced cellulase enzymic complex was synthesized. [6]
Fig. 1 gives the sequence of major processing steps for obtaining industrial amounts of technical-grade cellulase enzymic product.

STOCK CULTURE OF PRODUCER
↓
SEEDING MATERIAL, in 2 m^3 reactors
↓
FERMENTATION, in 15 m^3 reactors
↓
FILTRATION
↓
CONCENTRATION
↓
DRYING
↓
STANDARDIZATION

Fig. 1. Processing scheme for manufacture of „Trichocease SU“, a technical-grade cellulase enzymic product

In the processing alternative selected, the resultant enzymic product was standardized with ammonium sulfate to C_x activity = 5000 U/g.
The culture fluid submerged enzyme-producer growth is known to contain large amounts of by-products. In order to be utilized by the food industry, cellulase enzymes have to be purified from the enzymic substance; for medical and analytical purposes, highly purified enzymic products are required.
We used ultrafiltration to purify the culture fluid and concentrate cellulase enzymes. Its advantages include absence of heat inactivation of the enzymes and low energy expenditure in the process. Ultrafiltration permits concentration at room temperature. Simultaneously with concentration removal of by-products occurs. Tab. 2. gives the results we obtained from ultrafiltration of the culture fluid.

Tab. 2. Characterization of the ultrafiltration step

	Amount in liters	Protein, mg/ml	Enzymic activity, U/ml cult. fluid		
			C_1 enzyme	C_x enzyme	β-glucosidase
Before ultrafiltration	100	5.1	26.5	380	2.8
After ultrafiltration	10	48.6	250	3900	30

The resultant ultraconcentrates were subjected to sublimation drying. In order to obtain highly purified enzymes from the ultraconcentrates of enzymic solutions, use was made of ethyl alcohol and acetone in v/v ratios of culture fluid: organic solvent = 1:2:1:3; and 1:4.
Precipitation was carried out at 4 °C for 2 hours. The precipitates were collected by centrifugation with cooling at 5000 revs/min for 30 minutes. The pellets were dissolved in a minimum volume of distilled water, then dried by lyophilization.
Activities of the cellulase-complex enzymes in the enzymic substances are shown in Tab. 3 and 4. It may be seen that, with either of the two organic solvents used, the ratio

Tab. 3. Characterization of the enzymic product obtained with ethanol precipitation

Culture fluid to ethanol ratio	Amount of product, g/l	Protein, mg/ml product	Enzyme activity, U/g of product		
			Exocellobiohydrolase, C_1	Cellulase, C_x enzyme	β-glucosidase
1:2	2.0	0.85	380	21000	24
1:3	2.4	0.76	245	19000	22
1:4	3.0	0.73	850	43000	22

Tab. 4. Characterization of the enzymic product obtained with acetone precipitation

Culture fluid to acetone ratio	Amount of product, g/l	Protein, mg/ml product	Enzyme activity, U/g of product		
			Exocellobiohydrolase, C_1	Cellulase, C_x enzyme	β-glucosidase
1:2	3.4	0.85	1000	23000	18
1:3	4.2	0.78	950	19500	16
1:4	4.8	0.72	1100	36000	18

of 1:4 yielded higher values for both the obtained amount of product and the enzyme activity.
When acetone was used, the values for the amount of enzymic product and for activities of individual enzymes were somewhat different.
Further experiments were done to obtain cellulase enzymic products through salting out with ammonium sulfate. For the purpose, salting out was undertaken with varying degrees of saturation (0.4, 0.6, 0.8, and 1.0). In order to accelerate the process of salt dissolution, salting out was performed under continuing stirring at room temperature. The precipitate was collected by centrifugation, and the pellet dissolved in a minimum volume of distilled water. It was then dialyzed in a dialysis bag against running water for 48 hours. Tab. 5. lists the activities of cellulase enzymes in the enzymic products obtained. These may be seen to possess remarkably high activity, especially in the case of saturation degree 1.0.

Tab. 5. Characterization of enzymic products obtained with ammonium sulfate precipitation

Degree of saturation	Product obtained, g/l	Protein, g/g product	Enzyme activity, U/g of product		
			C_1 enzyme	C_x enzyme	β-glucosidase
0.4	0.90	0.80	960	31000	125
0.6	3.40	0.85	1540	26000	140
0.8	3.20	0.80	1500	25500	150
1.0	2.00	0.80	2200	45000	85

Tab. 6. Characterization of the cellulase enzymic products

Products	Protein, g/g product	Enzyme activity, U/g of product		
		Exocellobio-hydrolase	Cellulase	β-glucosidase
Technical-grade:				
solid-phase cultures	0.35	3500	8600	140
submerged cultures	0.30	2000	5000	25
Purified:				
postultrafiltration	0.60	3800	40000	150
ethanol-precipitated	0.73	850	43000	22
acetone-precipitated	0.72	1100	36000	18
ammonium sulfate-precipitated	0.80	2200	45000	85

Activities of cellulase-complex enzymes for technical-grade and purified enzymic products obtained from strain *Trichoderma sp.* M_7 cultures are shown in Tab. 6. The degree of purification is highest with ammonium sulfate precipitation; these products also have the highest activity.
The cellulase products were further found to contain enzymes with high hemicellulase activity: xylanase, mannanase, and lichenase. Low-activity pectinase and α-amylase were also established.
Both technical-grade and purified anzymic products were electrophoretically characterized. The electrophoregrams indicated presence of the same number of protein components that, however, substantially differed in quantitative respect.

For effective hydrolysis of cellulose-containing substrates to sugar syrup are essential the optima of temperature and pH for enzymic substance action as well as the stability of these substances. The investigations performed indicated the enzymic products to have a temperature optimum within the range 45—50 °C (Fig. 2) and a pH optimum within 4.5—5.0 (Fig. 3). Such optima are typical for most cellulase enzymic preparations synthesized by strains of the genus *Trichoderma*. [4, 7, 8]

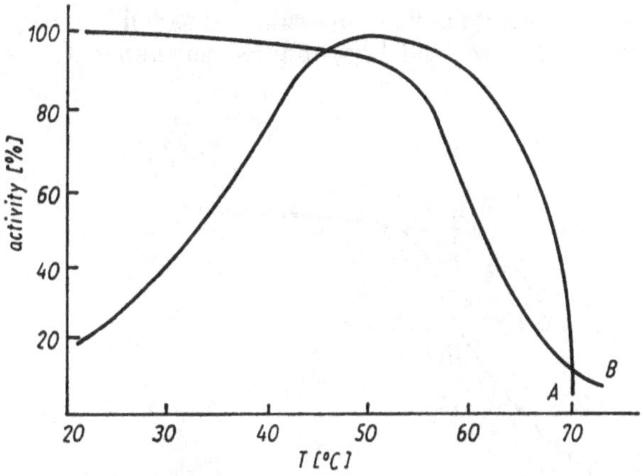

Fig. 2. Temperature optimum (A) and temperature stability (B) of enzymic products with cellulase action

Enzyme concentration, 10 mg/ml

pH = 5.0

Treatment time, 24 hours

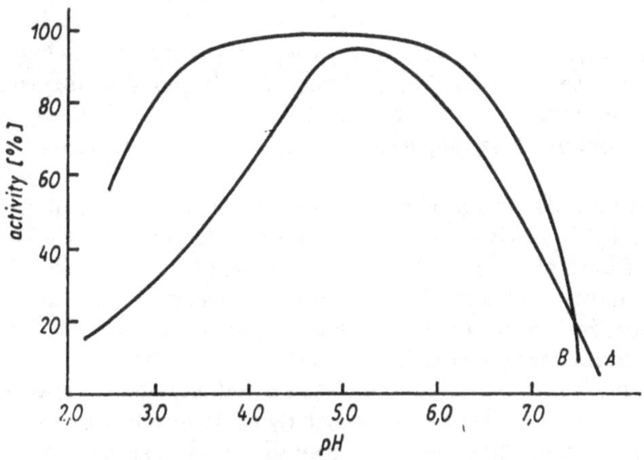

Fig. 3. pH optimum (A) and pH stability (B) of cellulase preparations

Some Applications of Cellulase Enzymic Products

It is characteristic for cellulose that the linear molecules have the possibility to interact one with the other to form aggregates with crystal properties. [1, 8] Cellulose macromolecules differ in degree of orderly arrangement and orientation. In nature, cellulose

of high regularity is always associated with some amount of amorphous cellulose which is accessible to hydrolysis.
Working of lined aluminium foil annually yields large amounts of non-standard wastes. The interest in them lies primarily in recovery of the aluminium component. It has been the practice to date to recover aluminium from such paper-lined wastes through pyrolysis of the paper. With such techniques, however, recovered aluminium is degraded in both amount and quality.
The proportions of waste components have been estimated as follows: 50% aluminium; 40% paper, containing 80% cellulose; and 10% adhesive substance.

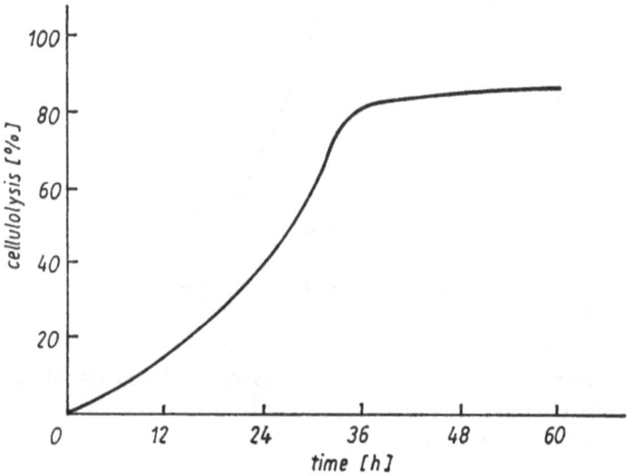

Fig. 4. Hydrolysis of paper in aluminium foil

We have carried out enzymic hydrolysis of disintegrated substrate using the following experimentally selected parameters: temperature 50 °C; pH 4.8, adjusted with 1 M acetate buffer: reaction mixture stirring rate 150 revs/min; substrate concentration 8%; initial enzyme (technical grade, submerged cultures of producer) to substrate ratio = 1:25 (w/w).
Under the hydrolysis conditions used, by 30 hours more than 80% of paper cellulose was hydrolyzed (Fig. 4). Investigations are in progress to improve the procedure and define the influence of high aluminium ion concentrations upon activity of the enzymes used. As shown by analysis, observed aluminium recovery is close to the estimated value, and the recovered aluminium is completely free from paper and polymer glue; specialists hold aluminium for re-use to have excellent qualities.
Plant protoplasts are known to be cells deprived of a cell envelope; because of this they are an outstanding material for plant cell genetic reconstruction. As they have the ability to take up macromolecules (nucleic acids, proteins) and particles (organelles, microorganisms), to merge and regenerate entire plants, they are widely used in genetic engineering and modification of the plant cell.
We have studied the ability of purified cellulase combined with other enzymes to disintegrate cell walls. Serving as protoplast source was leaf material from young plants, *Nicotiana lanata* and *Nicotiana tabacum* L., grown in test tubes under sterile conditions. For comparison, commercial enzyme preparations — Dresilase, Rosim, Onasuka P-10 — in similar combinations were studied for ability to lyze the cell walls of the above plants.

Findings indicated that, under the conditions used, purified cellulase was superior to control specimens with regard to amount of protoplasts formed and their survival. Taking into account that the plant cell wall is comprised of cellulose, hemicellulose, pectin, lipids, and protein substances, efficient hydrolysis of the cell wall was evidently related to the polyenzymic nature of the cellulase preparation used, which also contains highly active hemicellulase enzymes.

Received October 28, 1986

References

[1] Becker, M., Chief ed., Transformation of Photosynthesis Products, Zinatne, Riga, 1982 (in Russian).
[2] GERNET, M. V., Biotekhnologiya 3 (1985) 27.
[3] GORDAN, A. O., N. N. ZHUZE, Biotekhnologiya, 1 (1986), 139.
[4] KLESOV, A. A.; in: Biocatalysis, Nauka, Moscow, 19, p. 226.
[5] KULKINA, K., Cand. Thesis, summary, 1984, Sofia.
[6] OSTRIKOVA, N. A., S. A. KONOVALOV, Obz. Informatsiya, Series U, Moscow, No. 2, 1983.
[7] RADIONOVA, A. A.; in: Cellulases of Microorganisms, Nauka, Moscow, 1981, p. 4 (in Russian).
[8] TIUNOVA, N. A., Methods for Determining Enzyme Activity and their Unification, Mosklas, Vilnyus, 1979, No. 4, p. 70;
[9] UDALOVA, E. V., et al., Obz. Informatsiya, Series U, Moscow, 1985.

Acta Biotechnol. 7 (1987) 5, 468

Book Review

Aktuelle Werkstoff- und Verarbeitungsfragen des Apparatebaues

Vorträge vom 15. Konstruktions-Symposium der Dechema am 15. und 16. Januar 1986 — herausgegeben von G. PAHL und R. HENKHAUS Dechema, VCH-Verlagsgesellschaft D 6940 Weinheim USA und Canada: VCH Publishers, 303 NW, 12th Avenue, Deerfield Beach Fl. 33442 — 1705
1986, 280 S., 30 DM

Neueste Informationen über modernste Fertigungsverfahren für Rohrbündelwärmeaustauscher, über hochlegierte Werkstoffe und über Verbundkonstruktion sind auch für den auf dem Gebiete der Verfahren und Apparateentwicklung tätigen Biotechnologen von größerem Interesse. Die in vielen Fällen notwendige Erhöhung von Energie- und Stofffflußdichten im biotechnologischen Apparatebau, besonders unter dem Gesichtspunkt des Einsatzes von extremophilen bzw. gentechnisch modifizierten Mikroorganismen erfordert oftmals den Einsatz neuer Werkstoffe und neuer Fertigungsverfahren.
Die vorliegende Dechema-Monographie gibt dazu eine Fülle von Hinweisen und Anregungen für Konstruktion und Fertigung. Von besonderem Interesse aus der Sicht des Rezensenten ist der Abschnitt über die Bedeutung von Spalten zwischen Rohren und Rohrböden und Maßnahmen zu ihrer Vermeidung, da dieses Problem sowohl für die Sterilfahrweise von Bioreaktoren mit by-pass-RWÜ als auch zur Verhinderung einer Chloridkorrosion durch den Chlorionen-Gehalt von Nährlösungen einen hohen Stellenwert besitzt. Die sorgfältige textliche und bildliche Gestaltung zählt bei den Dechema-Monographien bereits zur Selbstverständlichkeit.

D. BECK

Acta Biotechnol. 7 (1987) 5, 469–477

Gas Chromatographic Analysis of Free Fatty Acids Part 1. Principles and Methodic Variants

PÖRSCHMANN, J.[1], WELSCH, T.[2], PÖRSCHMANN, S.[3]

[1] VEB Chemieanlagenbau Leipzig Grimma, Hauptabteilung Biotechnologie, PSF 674, 7010 Leipzig, G.D.R.
[2] Karl-Marx-Universität Leipzig, Analytical Centre, Talstr. 35, 7010 Leipzig, G.D.R.
[3] Institute of Biotechnology, Academy of Sciences, Permoserstr. 15, 7050 Leipzig, G.D.R.

Summary

Proceeding from a literature search the problems faced by the today's gas chromatographer concerned with analysis of free fatty acids are summarized. In terms of column technology self-made OV-1/FFAP mixed phase capillary columns are well suited for adequate tailing – free elution of these polar molecules. Whereas fatty acids having two and more carbon atoms can be analyzed in an underivatized state on acidic capillary columns, the involving of formic acid and dicarboxylic acids calls for deactivation procedures.

Introduction

The determination of complex mixtures of free fatty acids (FFA) in aqueous biological materials is becoming increasingly important in several fields such as the physiology and taxonomy of microorganisms [1–14], clinical chemistry [15, 16], dairy, food and beverage industries. Because of the advantages of versatility, high selectivity, high sensitivity and low time consumption, gas chromatography (GC) constitutes a preferred tool in analyzing FFA as compared to other methods such as enzymatic ones (cf. [17]), the latter suffering from poor selectivity. Among other chromatographic techniques, high pressure liquid chromatography (HPLC) may presumably compete with GC in future [18–20].
Analysis of FFA by means of GC can be effected by following two directions depending on the problem to be solved: first, the direct application of (mostly) aqueous solutions and second, the transformation of acids into organic phases followed by the preparation of volatile derivatives.

Direct Analysis of FFA

JAMES and MARTIN were the first to publish the separation of C_1 to C_{12} FFA by gas – liquid chromatography (GLC) using a packed column coated with a mixture of DC 550 silicone oil and stearic acid nearly 35 years ago (cf. [21]). Since that pioneering publication the analysis of FFA has been performed many times and there has been nobody to review completely the myriad of papers concerned with the application of GLC to the subject of FFA analysis. In spite of the immense work devoted to the determination of low molecular FFA such analyses have remained a great challenge to the contemporary chromatographer, because the considerable polarity of the carboxylic group and the capability of forming hydrogen bonds (molecular association of the acids in the vapour state) complicate qualitative and quantitative analysis (tailed peaks, loss of solutes, ghosting phenomena, instable behaviour of the separation column, etc.*). These undesirable effects connected with the gas chromatographic analysis of carboxylic acids callfor high deactivation of the entire chromatographic system, i.e. active sites of adsorption must not occur.

From the earliest days of GC the problems faced by chromatographers in analyzing FFA have been circumvented by incorporating a acidic agent such as orthophosphoric acid [22, 24–26], terephthalic acid [27], citric acid [28], trimesic acid (a mixture of C_{54} tricarboxylic acid and C_{36} dicarboxylic acid) [22, 24] into the stationary phase. However, the addition of an acidic deactivator causes diverse problems such as reduced thermal stability of the stationary phase, shortened column life — time, undesirable reactions with some types of solutes (e.g. alcohols). A further possibility of deactivation is the saturation of carrier gas with acidic vapours (e.g. formic acid) [29] which has not gained wide acceptance.

In the sixties and early seventies highly polar phases, especially polyesters such as poly(diethylene glycol adipate) (DEGA), poly(diethylene glycol succinate) (DEGS) and poly(ethylene glycol adipate) (EGA) were the preferred ones to ensure sufficient ability of retarding the small short chain FFA molecules. In addition, unmodified or modified adsorbents (graphitized thermal carbon blacks, porous polymers, in particular) have been used (cf. refs. cited in [30]). Having investigated 13 stationary phases DOELLE found that the packing 3.1% EGA on Chromosorb W without an acidic additive proved to be the best one for analyzing micro quantities of C_1—C_7 branched and straight — chain FFA [31]. In the authors opinion the addition of an acid to the stationary phase was superfluous because the polyester phase had an acidic character itself. Analogously, it is well known that Carbowax 400 may have a pH-value of 4 according to the data given by the producers. A tailor-made phase with an acidic feature is FFAP (slightly more polar than Carbowax 20 M and Supelcowax 10; nearly identical to SP-1000 or OV-351), a condensation product of Carbowax 20 M and 2-nitro terephthalic acid.

In terms of column type, the classical packed type has been the dominant one for a long time. However, this column type fails to satisfactorily separate complex FFA mixtures containing structural isomers as well as FFA with wide range of carbon numbers. With the advent of capillary GC several attempts have been made to extend the scope of capillaries to the analysis of highly polar FFA using well — known acidic deactivating additives (cf. refs. cited in [32, 33]). As an example, an excellent C_2—C_6 FFA separation could be achieved on capillaries coated with Ucon HB-550 X and phosphoric acid [34]. In Fig. 1 the fast and tailing — free isothermal elution of C_2—C_5 FFA on a capillary column coated dynamically with Ucon 50-HB-280 X is depicted. The glass surface was deactivated by dynamically coating with a 3% (w/w) methanolic orthophspohoric acid solution. However, routine analyses of FFA with more than six to eight carbon atoms have not been successfully solved due to the detrimental influence of the orthophosphoric acid addition on the bleeding characteristics and column lifetime, both of which are important factors in the temperature-programmed mode necessary for analyzing mixtures with wide boiling ranges.

As already outlined, in view of the drawbacks of acidic additives their use should be avoided. A possible alternative is the deactivation by means of benzyltriphenylphospho-

* Problems encountered in analyzing FFA by means of GC are reviewed by several authors, among them KUKSIS [22] and van HUYSSTEEN [23].

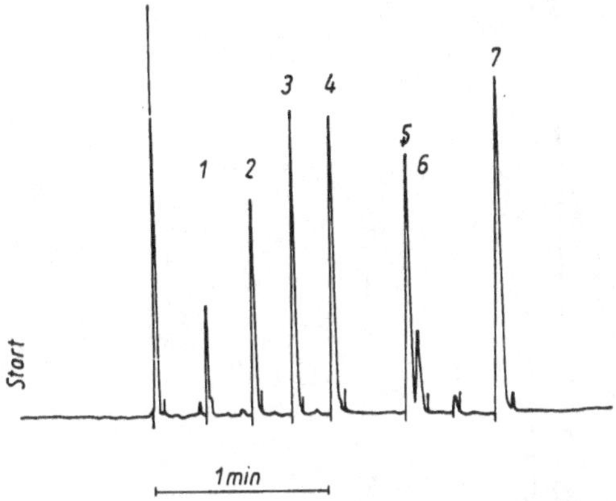

Fig. 1. Separation of FFA on Ucon 50-HB-280 ×
Capillary: Soda glass, 10 m × 0.28 mm ID, pretreated with orthophosphoric acid, dynamically coated; column temperature: 120 °C
Components: Acetic acid (1), propionic acid (2), iso-butyric acid (3), n-butyric acid (4), 3-methylbutyric acid (5), 2-methylbutyric acid (6), n-pentanoic acid (7)

nium chloride [32]. The introduction of flexible fused silica columns into GC in 1979 has vitalized the analysis of FFA (cf. [35, 36]). Fused silica columns consist only of pure silica (the metal ion content is extremely low) and have weakly acidic surfaces [37] that facilitate the quantitative and symmetric elution of acidic solutes. KORHONEN [38] separated C_2-C_{20} FFA on SE-30 and OV-351 fused silica columns. While non polar SE-30 is not capable of sufficiently retarding low molecular FFA, leading to poor resolution within the range C_2 to C_5 (low capacity ratios result in poor resolution), the thermal stability of the polar OV-351 phase does not ensure the fast elution of the FFA with a carbon number greater than 18.

The problems encountered in analyzing short chain FFA with nonpolar stationary phases are depicted in Fig. 2. We used an extraordinarily well deactivated (using the high temperature silylation procedure, cf. below) OV-1 capillary column to separate C_2-C_5 FFA in less than 1 min. As already mentioned, the very low solubility of short chain FFA in the non-polar silicone gum results in poor retention and low sample capacity. As indicated by the noisy baseline, the sensitivity is very high, otherwise asymmetric peaks will result.

To sum up, for analyses of complex mixtures of FFA with a wide boiling range (from C_2 to approximately C_{24}) the separation column must meet several requirements:

- High efficiency which calls for employment of capillary columns
- Good deactivation of the support (i.e. capillary wall) to achieve quantitative and tailing-free elution (without acidic pretreatments)
- Low bleeding characteristics and high temperature stability of the phase to ensure fast elution of high boiling FFA

To overcome the vicious circle of opposing requirements it is expedient to combine two favourable features: the use of the leaching/high-temperature silylation process (HTS) to deactivate glass capillary surfaces (cf. [36]) and the use of a polar acidic phase such as FFAP. The popular silylating agents hexamethyl disilazane and derivatives derived from it [39] allow wetting of non-polar and medium-polar silicone gums only. Due to the high surface tension the polar phase FFAP tends to form droplets on surfaces silylated in such a manner. To extend the wettability to polar cyanoethyl containing silicones

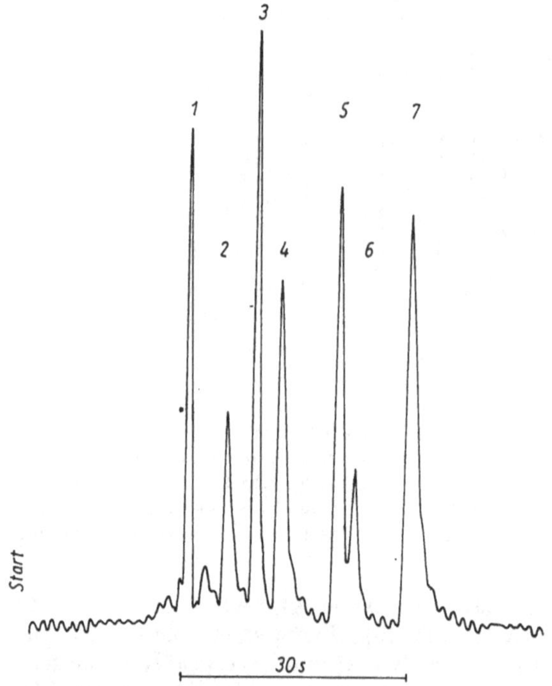

Fig. 2. Separation of FFA on pure OV-1
Capillary: Soda glass, 10 m × 0.28 mm ID, deactivated by HTS, statically coated, film thickness 0.15 μm; column temperature: 80 °C
Components cf. Fig. 1

BLOMBERG and co-workers [36] used cyanopropyl (methyl) cyclotetrasiloxanes as silylating agents. But it seems to be questionable, if the polar FFAP is also capable of sufficiently wetting such surfaces.
The wetting problem can be circumvented by using mixed phases OV-1/FFAP on high-temperature silylated capillary surfaces as described first by SANDRA and van ROELENBOSCH [40]. It is assumed that small FFAP droplets are suspended in OV-1 and stabilized by this non-polar gum phase [33]. The performance and the polarity of glass capillary columns coated with OV-1/FFAP-mixtures was scrutinized in [41]. It turned out that the deactivating effect and the retarding capability toward FFA increase with increasing FFAP concentration in the mixed phase. The FFAP concentration may be increased to approximately 35%, otherwise the mixed phase does not wet on the silylated surface. An extraordinary feature of this mixed phase is its high temperature stability in the temperature-programmed mode up to 260 °C without any noticeable decrease in efficiency, allowing the routine analysis of wide-boiling FFA mixtures in a single run. The reproducibility of retention data over six months of routine use is impressive. In contrast to columns, the preparation of which includes an acidic pretreatment step, the finely deactivated OV-1/FFAP-columns are distinguished by a greater universality, leading to the possibility of plenty of classes of solutes being analyzed with them (cf. below).

Derivatization of FFA

Although many of the problems facing the chromatographer concerned with the determination of FFA can be regarded as solved, permanent disadvantages of direct analyses of FFA consist in the low response of the flame ionization detector to short chain acids and in the neglect of formic acid. Besides this, aqueous solutions and FFA may not be suitable for use in GC/MS coupling.

To overcome these difficulties the FFA can be determined as their derivatives, the most widely used of which are esters. Among the esters the methyl esters prepared by direct esterification (cf. [42]) or pyrolytic methylation (cf. [43, 44]) have gained wide acceptance in the fatty acid analysis of lipids. However, methyl esters are too volatile for short chain monocarboxylic acids. Several higher boiling derivatives easier to handle were introduced (cf. refs. cited in [45]). The major derivatives are the butyl and benzyl esters. Several attempts have been made to prepare further derivatives including acetonyl esters [46], p-bromophenacyl esters [47] and pentafluoro-benzyl esters, the last being extremely sensitive to electron-capture detection [48].

Benzyl esters can be prepared by direct action of phenyldiazomethane (PDM) or via formation of the tetrabutylammonium salts with subsequent reaction of benzyl bromide (cf. refs. cited in [49, 50]). Moreover, the use of boron trichloride/benzyl alcohol was examined [51]. The PDM procedure was also effected by in-situ esterification of FFA in aqueous media [54]. According to the literature the two-stage procedure via ammonium salts seems to be more efficient while the PDM method requires fresh reagents and many precautions.

In the framework of investigations on fermentation states we examined the determination of formic acid using phenyldiazomethane as derivative reagent. In Fig. 3 the separation of prepared benzylesters on a OV-1/FFAP-mixed phase capillary column is shown. After calibrating it could be concluded that the recovery is amounted to nearly 100% for formic acid. The use of this column offers the possibility to evaluate the esterification rate in a simple way because both the peaks from the derivatized and the free acids are present in the chromatogram. As illustrated by Fig. 3, the esterification rate decreases with increasing carbon number of the acid. In addition to uncomplete reaction of acids with carbon numbers equal or greater than two, a further disadvantage of the PDM-benzylation method arises from the fact that large peaks resulting from the benzylation agent interfere the chromatogram.

Similarly, butyl esters can be directly prepared (frequently by using boron trifluoride as catalyst [52]) via a two-stage procedure including the formation of ammonium salts followed by reaction with butyl bromide [53]. Recently, a promising procedure has been suggested by MOLNAR-PERL et al. [54], who esterified C_1 to C_8 FFA in aqueous solutions in the presence of hydrochloric or sulfuric acid and with n-butanol. Anhydrous sodium sulfate served for binding the water. We examined the direct butylation by means of BF_3/n-butanol. Esterification reaction proceeds nearly quantitatively with all acids under study. Unfortunately, the presence of n-butanol complicates the quantitative and qualitative evaluation of butyl esters in the carbon range of C_3-C_4, if polar phases such as Carbowax 20 M are used (cf. Fig. 4). When less polar OV-1/FFAP-mixed phases are employed (cf. Fig. 5), the n-butanol peak may obscure the formic acid peak. The interfering n-butanol can be removed by simple chemical reactions, e.g. reaction with an aqueous solution of potassium permanganate (cf. Fig. 4b). Favourably, n-butanol has dissappeared but simultaneously the concentration of lower n-butyl esters having a certain hydrophilic feature has diminished. As these examples show we have frequently to compromise depending on the task in analytical practice.

Received June 4, 1986

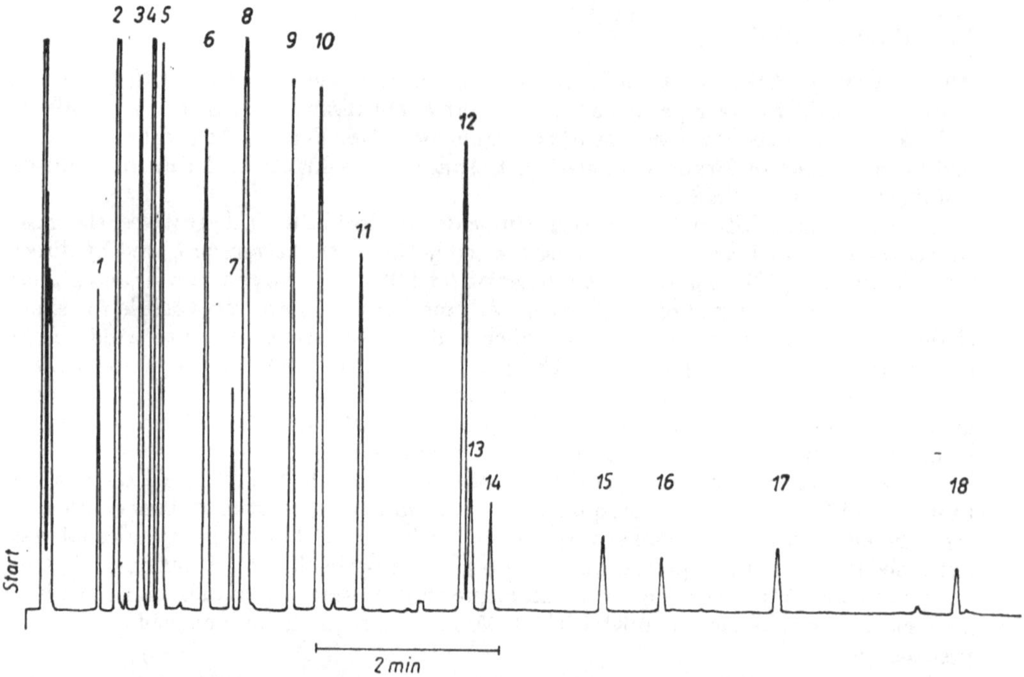

Fig. 3. Separation of benzylated and free FA on OV-1/FFAP = 2 : 1 (w/w)
Capillary: Soda glass, 10 m × 0.25 mm ID, deactivated by HTS, statically coated, film thickness 0.25 μm; column temperature: programmed from 70 °C to 220 °C at 2 °C · min^{-1}
Components: FFA: Acetic acid (1), propionic acid (3), iso-butyric acid (5), n-butyric acid (6), 3-methylbutyric acid (7), n-pentanoic acid (10), n-hexanoic acid (12). Benzylesters of: Formic acid (9), acetic acid (11), propionic acid (13), iso-butyric acid (14), n-butyric acid (15), 3-methylbutyric acid (16), n-pentanoic acid (17), n-hexanoic acid (18). Peaks 2,4,8: Interfering peaks from phenyldiazomethane

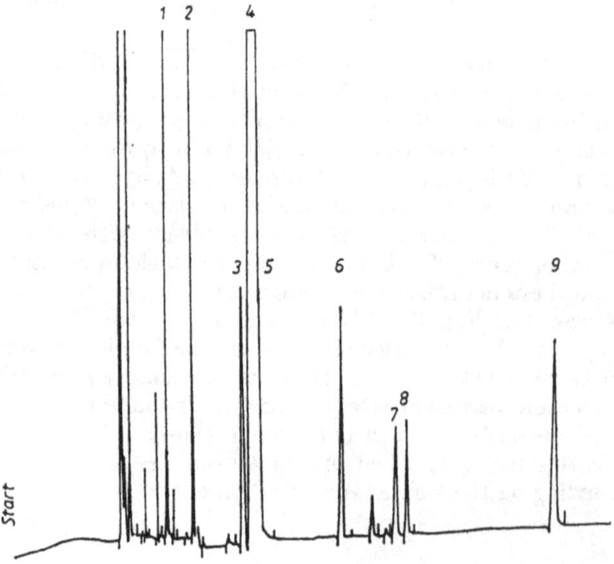

Fig. 4a

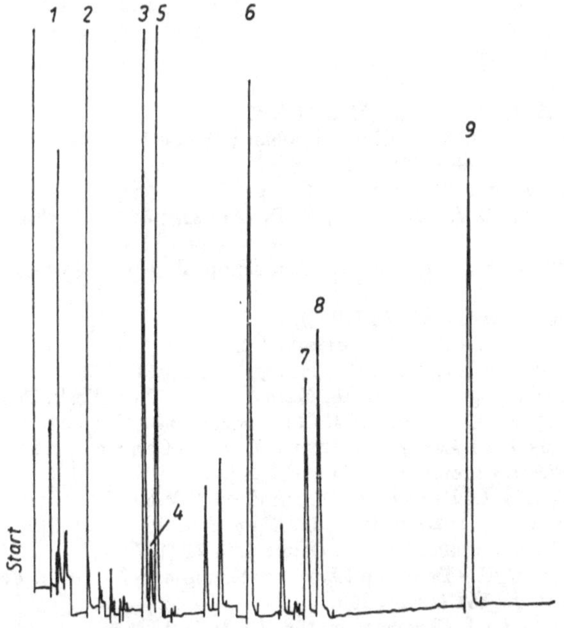

Fig. 4. Separation of butylesters of FA on Carbowax 20 M
Capillary: Soda glass, 20 m × 0.28 mm ID, $BaCO_3$ pretreated, dynamically coated; column temperature: 65 °C
Components: Butyl esters of formic acid (1), acetic acid (2), propionic acid (3), isobutyric acid (5), n-butyric acid (6), 3-methylbutyric acid (7), pyruvic acid (8), n-pentanoic acid (9); n-butanol (4) — 4a: prior to and 4b: after $KMnO_4$ pretreatment of the sample

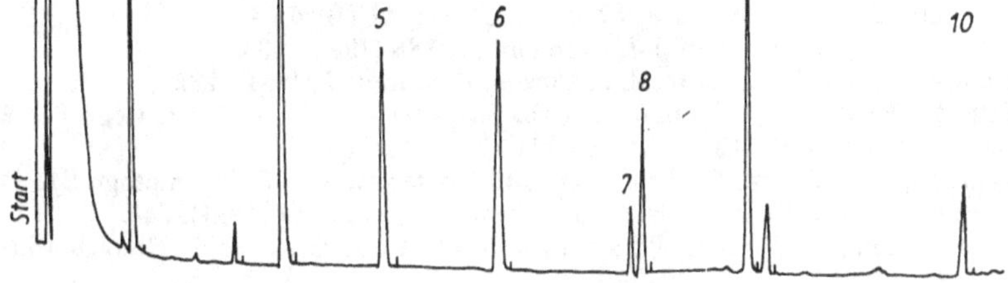

Fig. 5. Separation of butylesters of FA on OV-1/FFAP = 4 : 1
Capillary: Soda glass 6 m × 0.25 mm ID, deactivated by HTS, statically coated, film thickness 0.50 μm; column temperature: programmed from 60 °C to 100 °C at 2 °C · min^{-1}
Components: Butylesters of formic acid (1), acetic acid (3), propionic acid (4), isobutyric acid (5), n-butyric acid (6), 3-methylbutyric acid (7), 2-methylbutyric acid (8), n-pentanoic acid (9), n-hexanoic acid (10); n-butanol (2)

References

[1] WADE, T. J., MANDLE, R. J.: Appl. Microbiol. **27** (1974), 303.
[2] MOSS, C. W., NUNEZ-MONTIA, O. C.: J. Clin. Microbiol.: **15** (1982), 308.
[3] RIEDMANN, M.: Chem. Zeitung **96** (1972), 618.
[4] DRUCKER, D. B.: J. Chromatogr. **208** (1981), 279.
[5] TISDALL, D. A., De YOUNG, D. R., ROBERTS, G. D., ANHALT, J. P.: J. Clin. Microbiol. **16** (1982), 400.
[6] AMIN, G., Van DENEYNDE, E., VERACHTERT, A.: Europ. J. Appl. Microbiol. Biotechnol. **18** (1983), 1.
[7] MORIN, A., PAQUETTE, G.: Experientia **36** (1980), 1350.
[8] HAUSER, K. J., ZABRANSKY, R. J.: J. Clin. Microbiol. **2** (1975), 1.
[9] BRONDZ, I., OLSEN, I., GREIBROEK, T.: J. Chromatogr. **274** (1983), 299.
[10] BROOKS, J. B.: Adv. Chromatography Vol. **15**, Marcel Dekker, New York, Basel, 1977, p. 1.
[11] COCHETIERE-COLLINET, M. F., LARSSON, L.: J. Chromatogr. **305** (1984), 178.
[12] BOHANNON, T. E., MANIUS, G., MAMAVIL, F., LIWEN, L.-F.: J. Chromatogr. Sci. **16** (1978), 28.
[13] DEES, S. B., MOSS, C. W.: J. Chromatogr. **171** (1979), 466.
[14] DEACON, A. G., DUERDEN, B. I., HOLBROCK, W. P.: J. med. Microbiol. **11** (1978), 81.
[15] WHITEHEAD, J. S., KIM, Y. S., PRIZONT, R.: Clin. Chim. Acta **72** (1976), 315.
[16] WIRTH, A., ECKHARD, J., WEICKER, H.: Clin. Chim. Acta **71** (1976), 47.
[17] JUNGE, C. H., SPADINGER, C. H.: Deutsche Lebensm.-Rundschau **75** (1979), 12.
[18] DISTLER, W.: J. Chromatogr. **152** (1978), 250.
[19] ENGELHARDT, H., ELGASS, H.: J. Chromatogr. **158** (1978), 249.
[20] BARCELONA, M. J., LILJESTRAND, H. M., MORGON, J. J.: Anal. Chem. **52** (1980), 321.
[21] JAMES, A. T.: J. Chromatogr. **2** (1959), 552.
[22] KUKSIS, A.: Separ. Purif. Methods **6** (1977), 353.
[23] van HUYSSTEEN, J. J.: Water Res. **4** (1970), 645.
[24] COCHRANE, G. G.: J. Chromatogr. Sci. **13** (1975), 440.
[25] HILLMAN, R. E. Clin. Chem. **24** (1978), 800.
[26] BUCHANAN, D. N., BONASSO, F., THOENE, J. G.: J. Chromatogr. **278** (1983), 133.
[27] GORETTI, G., LIBERTI, A., RUSSO, M. V., SANCHEZ, J. L.: J. Chromatogr. **245** (1982), 109.
[28] KAPLANOVA, B., JANAK, J.: Mikrochim. Acta (1966), 120.
[29] PIONETTI, J. M.: J. Biochem. Biophys. Methods **1** (1979), 71.
[30] ENGEWALD, W., PÖRSCHMANN, J. — In: Leibnitz/Struppe Handbuch d. Gas-Chromatographie, 2. Auflage. Leipzig: Akad. Verlagsges. Geest u. Portig K.-G. 1984, 236.
[31] DOELLE, H. W.: J. Chromatogr. **39** (1969), 398.
[32] HRIVNAC, M., SYKOVA-CECHOVA, L., MÜLLER-AERNE, M.: J. High. Resol. a. Chrom. Commun. **4** (1981), 324.
[33] VIGH, G., HLAVAY, J., VARGA-PUCHONY, Z., WELSCH, T.: J. High. Resol. a. Chrom. Commun. **5** (1982), 124.
[34] KRUPCIK, J., HRIVNAK, J.: J. Chromatogr. Sci. **14** (1976), 4.
[35] LEE, M. L., WRIGHT, B. W.: J. Chromatogr. **184** (1980), 235.
[36] BLOMBERG, L.: J. High. Resol. a. Chrom. Commun. **7** (1984), 232.
[37] LEE, M., KONG, R. C., WOOLLEY, C. C., BRADSHAW, J. S.: J. Chromatogr. Sci. **22** (1984), 136.
[38] KORHONEN, I. O. O.: Chromatographia **17** (1983), 70.
[39] WELSCH, T., MÜLLER, R., ENGEWALD, W., WERNER, G.: J. Chromatogr. **241** (1982), 41.
[40] SANDRA, P., van ROELENBOSCH, M.: Chromatographia **14** (1981), 345.
[41] PÖRSCHMANN, J., WELSCH, T., ENGEWALD, W., VIGH, G.: J. High. Resol. a. Chrom. Commun. **7** (1984), 509.
[42] BANNON, C. D. et al: J. Chromatogr. **247** (1982) 63, 71.
[43] WILLIAMS, M. G., MAC GEE, J.: J. Am. Oil. Chem. Soc. **60** (1983), 1507.
[44] KOSSA, W. C., MAC GEE, J., RAMACHANDRAN, S., WEBBER, A. J.: J. Chromatogr. Sci. **17** (1979), 177.
[45] DOMS, E. K.: J. Chromatogr. **140** (1977), 29.
[46] Mc CALLEY, D. V., THOMAS, C. W., LEVESON, L. L.: Chromatographia **18** (1984), 309. cf. also Chromatographia **20** (1985), 664.

[47] L'EMEILLAT, Y., MENEZ, J. F., BERTHOU, F., BARDOU, L.: J. Chromatogr. **206** (1981), 89.
[48] GREVING, J. E., JONKMAN, J. H. G., DE ZEEUW, R. A.: J. Chromatogr. **148** (1978), 389.
[49] MONSEUR, X., WALRAVENS, J., DOURLE, P., TERMONIA, M.: J. High. Resol. a. Chrom. Commun. **4** (1981), 49.
[50] STEVERINK, A. T. G.: Analyst **109** (1984), 179.
[51] STARUSZKIEWICZ, Jr., W. F., FERNANDEZ-FLORES, E., BOND, J. F.: J. Assoc. Anal. Chem. **61** (1978), 973.
[52] SALANITRO, J. P., MUIRHEAD, P. A.; Appl. Microbiol. **29** (1975), 374.
[53] BURKE, D. G., HALPERN, B.: Anal. Chem. **55** (1983), 822.
[54] LIARDON, R., KÜHN, U.: J. High. Resol. a. Chrom. Commun. **1** (1978), 47.
[55] MOLNAR-PERL, I., SZAKACS-PINTER, M.: Chromatographia **17** (1983), 6.

Acta Biotechnol. 7 (1987) 5, 478

Book Review

S. SILVER

Biotechnology: Potentials and Limitations
Berlin, Springer-Verlag 1986
312 S., 21 Tab., 17 Fig. 25 DM

Das Ziel des Life Sciences Research Report 35 besteht in einer Bewertung der Möglichkeiten für eine Anwendung manipulierter Gene und Zellen für industrielle, medizinische und landwirtschaftliche Zwecke. Arbeitsgruppen behandeln ein breites Spektrum von methodischen und stofflich-thematischen Themen.

Die dargelegten Methoden umfassen DNS-Synthese, Mutagenese, Protein Engineering, Proteinstruktur-Modellierung, Genexpression, Genidentifizierung und -isolation, Wirts-Vektor-Systeme, Immunologie und Zellsortierung.

Die Nutzung dieser Methoden für die Herstellung von industriellen Produkten, die Gewinnung von Sekundärmetaboliten, Vakzinen und spezifischen Proteinen sowie die Anwendung in der Pflanzenzüchtung, zur Erhöhung der Effektivität der Wechselwirkung von Pflanzen und Mikroorganismen in der Rhizosphäre und einer zukünftigen Lignozellulosenutzung wurden diskutiert.

Die Berichte der Arbeitsgruppen zeichnen sich aus durch prägnante Darstellung des erreichten Standes auf den Arbeitsgebieten, der Anwendbarkeit der erzielten Ergebnisse und der Einschätzung der zukünftigen Entwicklung des Wissenschaftsgebietes.

Soziale und ethische Auswirkungen neuer Ergebnisse auf dem Gebiet der Biotechnologie werden von J. E. DAVIES kurz aber eindrucksvoll behandelt.

D. PÖHLAND

Acta Biotechnol. 7 (1987) 5, 479–483

Gas Chromatographic Analysis of Free Fatty Acids
Part 2: Determination of Free Fatty Acids During Anaerobic Putrefaction

PÖRSCHMANN, S.[1], PÖRSCHMANN, J.[2], LIEBETRAU, L.[2], KÜHN, I.[1], PÄTZ, R.[1]

[1] Institute of Biotechnology, Academy of Science,
Permoserstr. 15, 7050 Leipzig, G.D.R.
[2] VEB Chemieanlagenbau Leipzig Grimma, Hauptabteilung Biotechnologie,
PSF 674, 7010 Leipzig, G.D.R.

Summary

By using tailor-made capillary columns the changes of the free fatty acid spectrum during anaerobic putrefaction of piggery waste and sludge at pH 5.0–5.5 were examined. Free fatty acids with 18 to 22 carbon atoms were the main components before putrefaction. With progressive fermentation time the share of short chain acids formed from higher acids was increased.

Introduction

The quantitative and qualitative examination of free fatty acids (FFA) originated from wastes including animal ones is gaining increasing importance on an international scale. Several authors concerned with the production of biogas from animal wastes investigated the so-called first stage of biogas formation, namely the formation of short chain carboxylic acids from the macromolecular input. The quantitative and qualitative composition of FFA mixtures resulting from anaerobic treatment of animal wastes is largely dependent both on the process parameters selected (pH-value, temperature, duration of process) and the substrate used. As an example, using piggery waste as initial product the organic carbon compounds of faeces serve as substrate consisting largely of lipids whose ingredients, in turn, are long chain fatty acids. The latter may be transformed into short chain fatty acids by β-oxidation [1–3]. As a result of β-oxidation, fatty acids shortened by two carbon atoms compared to original fatty acid and one mole of acetic acid are formed. Thus , the ultimate product of the β-oxidation of odd-numbered fatty acids are several moles of acetic acid (according to the length of the carbon chain of the original fatty acid) and one mole of propionic acid [4]. A further possibility of formation of short chain fatty acids is given by the STICKLAND-reaction characterized by the reaction of two amino acids [5].
In the special literature there are a lot of papers devoted to the subject of the determination of fatty acids in fermented animal wastes among them those of SAN MARZANO [6], GHOSH [7], BURACZEWSKI [8], KAPLOVSKY and BRANDON [9, 10]. Since the examinations of the authors mentioned were carried out with different substrates and experimental periods and the analyses of fatty acids were effected by different methods, it is not possible to specifiy a significant time for the formation of short chain fatty acids.

Our aim is to examine the fatty acid composition of piggery waste after an anaerobic treatment during approximately four weeks. Among some analytical techniques we have selected GC with OV-1/FFAP mixed phase capillary columns (cf. Part 1).

Experimental

Anaerobic putrefaction

Fresh piggery waste and sludge from a municipal waste water plant (1 : 1, v/v) served as substrate. The pH-value in the putrefaction vessel was set at 5.0–5.5 by means of 5% sulfuric acid to avoid biogas formation. In order to ensure working under oxygen-free conditions, the vessel was rinsed with nitrogen and closed immediately after that. The temperature was set at 37 °C. No external substrate containing carbon was added to the medium but only the changes of the waste phase were observed. The equipment is depicted in Fig. 1.

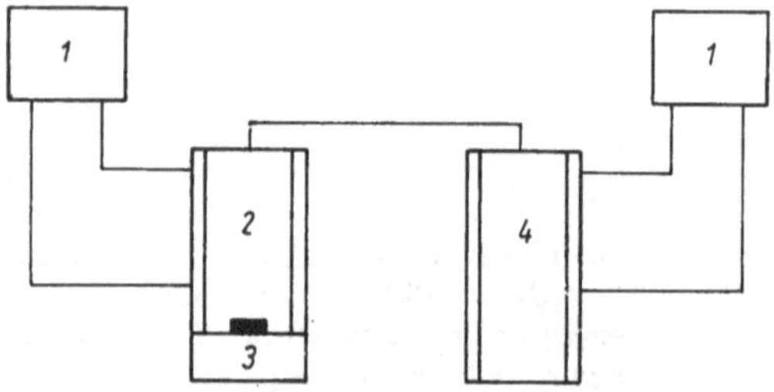

Fig. 1. Putrefaction equipment
1 – thermostat, 2 – putrefaction vessel, 3 – stirrer, 4 – gas sampler

Sample pre-treatment and capillary-gas-chromatographic analysis

A two hour perforation of 50 ml of an acidified aqueous solution (pH 2) into diethyl ether by means of a self-made KUTSCHER-STEUDEL apparatus was used. Then the internal standard (myristic acid methyl ester) was added. The diethyl ether phase which contains the FFA was dried with sodium sulfate and carefully evaporated to approximately 0.5 ml (cf. [11]).
The gas-chromatographic analysis was performed using a 10 m × 0.25 mm OV-1/FFAP-mixed phase capillary column (OV-1/FFAP = 2 : 1, film thickness d_f = 0.25 μm). A capillary gas chromatograph HP 5840 A (HEWLETT PACKARD/USA) served as equipment. The quantitative evaluation was effected using calibration by added outside standard and with consideration of substance-specific correction factors. The qualitative assignment was successfully done both by adding test mixtures and structure-retention relationships (e.g. the correlation between logarithmic net retention time and carbon number of FFA).

Results and discussion

The classical method for the determination of FFA in aqueous solutions is the steam distillation of the sample with subsequent titration. In the authors experience, the drawbacks of the method are as follows:

- No analysis of individual FFA is possible but only a summary determination
- The steam volatility decreases with elongation of the carbon chain of the acid leading to poor recovery for butyric acid and homologues
- The quantitative reference to acetic acid exhibits errors.

As pointed out in the first part of this publication it proved more favourable to use a capillary-gas-chromatographic technique to analyse complex FFA mixtures. The problems encountered in direct analyzing FFA with the flame ionization detector and with the split-mode as injection technique are enormous in terms of adsorption effects, sensitivity and damage of the chromatographic system but latter is of less relevance. Adsorption effects leading to ghosting phenomena* may be largely prevented by using aqueous solutions acidified with oxalic acid [12, 13]. In future these problems mentioned may be overcome by employing the cold-on-column injection mode and immobilized stationary phases (cf. Part 1). Using the splitless-mode to increase sensitivity discrimination effects have been observed with higher FFA members.

Table 1. Concentrations* of free fatty acids measured during anaerobic putrefaction using piggery waste and sludge (1 : 1, v/v). Conditions: pH: 5.0—5.5, temperature 37 °C.

Monocarboxylic acid (abbr.)	Time of anaerobic putrefaction			
	fresh waste	7 d	13 d	26 d
C_2	29	163	331	416
C_3	3	199	274	346
iso-C_4	17	41	52	55
n-C_4	8	163	169	214
iso-C_5	12	100	75	89
n-C_5	13	106	71	84
n-C_6	7	33	15	18
n-C_7	—	—	—	8
C^8 (br.)**	27	3	28	10
n-C_8	26	21	25	38
n-C_9	100	28	71	27
n-C_{10}	107	3	108	4
n-C_{11}	109	35	16	20
n-C_{12}	26	76	30	50
$C_{18}-C_{22}$	1127	616	422	276

* in [mg/l]
** branched

Therefore we have employed an enrichment procedure involving transformation of FFA into an organic phase and subsequent careful evaporation of the solvent**. The enrichment procedure yields recoveries of nearly 100% for all of the FFA under study (C_2 to C_{20}).

The results of our experiments are shown in Table 1 and in Fig. 2 and 3. The Figures show that by means of the self-made OV-1/FFAP mixed phase capillary column sufficient tailing-free separations of C_2 up to C_{22} FFA have been successfully done. As can be inferred from Table 1, the short chain FFA (C_2-C_6) are only contained in the sample up to nearly 100 mg/l total, whereas the higher homologues $C_{18}-C_{22}$ represent the main components (approximately 70% total). After seven days of anaerobic putrefaction the share of short chain FFA had substantially increased. This effect becomes even more evident after 13 days.

* Ghosting occurs when a solution, more polar than the acids being analyzed, is injected subsequent to a solution of FFA, with the result that acids, which were previously adsorbed in the column, are eluted.

** Further enriching methods are detailed in [14] and refs. cited therein.

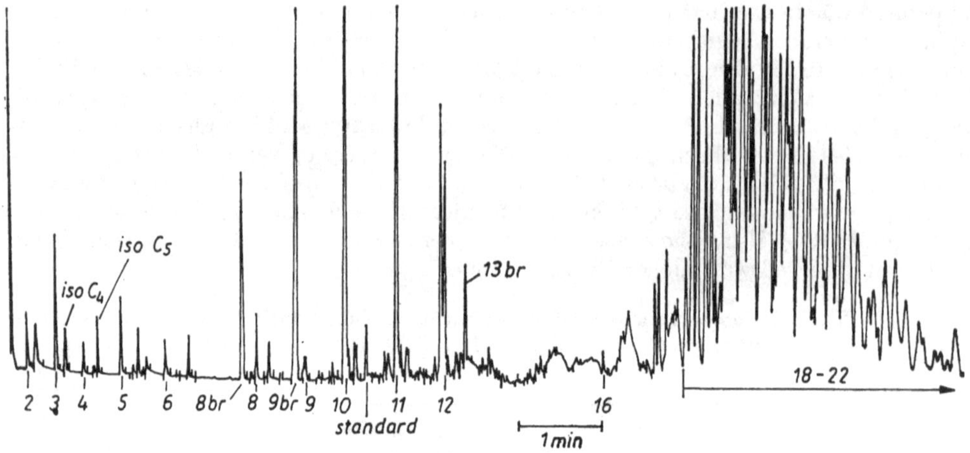

Fig. 2. Fatty acid spectrum prior to anaerobic putrefaction Capillary: Soda glass, 10 m × 0.25 mm ID, deactivated by HTS, statically coated, film thickness 0,25 μm. Analysis conditions: Numbers given in the Fig. indicate carbon chain length of the FFA (br — branched; standard: myristic acid methyl ester)

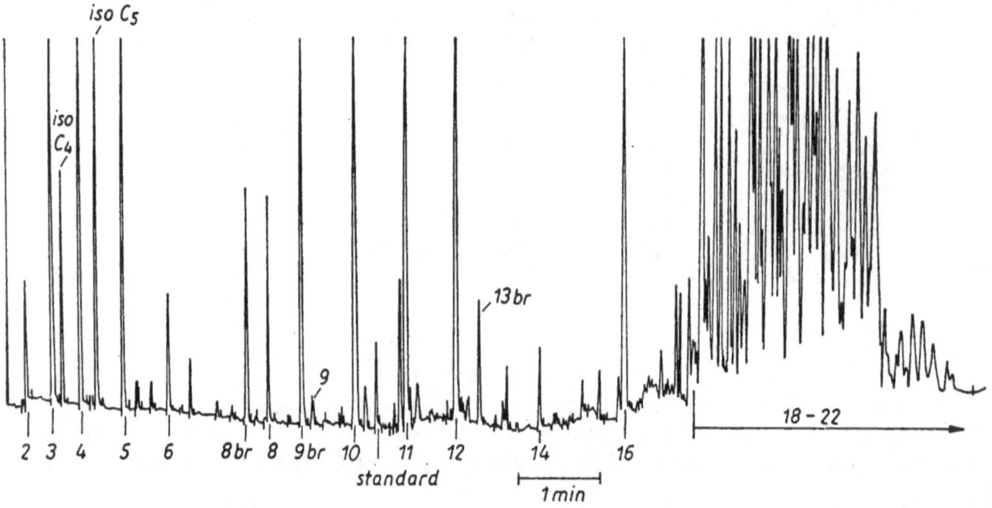

Fig. 3. Fatty acid spectrum after 13 days of anaerobic putrefaction. Parameters of the capillary and analytical conditions cf. Fig. 2

As depicted in Fig. 2 and 3 some FFA such as palmitic acid, a branched C_{13} acid are formed during the putrefaction process. Attention should also be focussed on the formation and loss of FFA within the range C_9 to C_{12}. From that finding it can be concluded that they are intermediate products of higher FFA formed by β-oxidation as well as starting material for lower FFA.
Our experiments were finished after 26 days. At that time the main components were acetic acid (25% of the overall FFA) and propionic acid (21%). The share of these two acids was increased at the expense of C_{18}—C_{22} FFA (70% prior to the putrefaction process,

17% after 26 days of putrefaction). Hence, it can be concluded that the short chain FFA are formed from long chain FFA by oxidative degradation.
During the putrefaction process no formation of gas was observed. Carbon dioxide presumably formed should only be existent as carbonate anion. Furthermore, dicarboxylic acids were not considered because they are not accessible to direct GC analysis. In this case derivatization reactions such as esterification become essential.

Received June 4, 1986

References

[1] Gottschalk, G.: Bacterial Metabolism, Springer-Verlag, New York, Heidelberg, Berlin, 1979, Chap. 6.
[2] Heukelikian, E.: Sewage Ind. Wastes **30** (1958), 1108.
[3] Mc Innerney, M. J., Bryant, M. P., Pfennig, N.: Arch. Microbiol. **122** (1979) 2, 129.
[4] Hoffmann, E.: Dynamische Biochemie, Teil III: Der Stoffwechsel, Akademie Vlg. Berlin, 4. Auflage, 1979, Kap. 3.1.
[5] Schlegel, H. G.: Allgemeine Mikrobiologie, Georg-Thiem-Verlag Stuttgart. 2. Auflage, 1972, S. 251.
[6] Di san Marzano, A.: Biomass **1** (1981), 47.
[7] Ghosh, S.: Biotechnol. Bioeng. Symp. **11** (1981), 301.
[8] Buraczewsky, G.: Acta Microbiol. Pol. **15** (1966), 85.
[9] Kaplovsky, A. J.: Sewage Ind. Wastes **23** (1951) 6, 713.
[10] Brandon, D. G.: Eur. J. Appl. Environ. Biotechnol. **7** (1979).
[11] Pörschmann, J., Welsch, T., Engewald, W., Vigh, G.: J. High Res. Chrom. a. Chrom. Comm. **7** (1984), 509.
[12] Henderson, M. H., Steedman, T. A.: J. Chromatogr. **244** (1982), 337
[13] Kettrup, A., Nolte, J., Riepe, W.: Fres. Z. anal. Chem. **307** (1981), 1.
[14] Janda, V., Pehal, F., Hrivnak, J.: J. High Res. Chrom. a. Chrom. Comm. **7** (1984), 541.

Acta Biotechnol. 7 (1987) 5, 484

Book Review

STAHL, E., SCHILD, W.

Isolierung und Charakteriserung von Naturstoffen
Stuttgart: Gustav Fischer Verlag, 1986, 180 S., 26 Abb. 39,80 DM

Das vorliegende Buch behandelt in den ersten 3 Abschnitten kurz und übersichtlich Methoden der Isolierung, Reinigung und Identifizierung von Naturstoffen aus biologischen Materialien.
In einem 4. Abschnitt sind eine Vielzahl von erprobten Isolierungsvorschriften für Naturstoffe aufgeführt, die sowohl in der Chemie als auch in den Bereichen der Pharmazie, Biologie und Biotechnologie von praktischem Interesse sind.
Diese Anwendungsbeispiele beinhalten in gestraffter Form die für den Praktiker notwendigen Informationen vom Geräte- und Chemikalienbedarf bis hin zur tabellarischen Zuordnung der charakteristischen Wellenzahlen zu den funktionellen Gruppen und Schwingungsarten.
Für alle angeführten Beispiele ist jeweils das IR-Spektrum abgebildet, so daß ein schneller Vergleich mit der isolierten Substanz möglich ist.
Am Ende jeder Isolierungsvorschrift sind weiter Fragen zu dem speziellen Naturstoff aufgeworfen, die insbesondere beim Studierenden zu einer Vertiefung seiner Kenntnisse führt. Das Buch stellt eine sehr nützliche und praxisorientierte Zusammenstellung einer Reihe von Vorschriften zur Isolierung von Naturstoffen dar und schließt als deutschsprachiges Werk eine bestehende Lücke.

S. MARTIN

ANA

5/1990

Akademie - NAchrichten

* Konsilium
* Hauptversammlung
* Senat der Akademie
* Vorstand der Forschungsgemeinschaft
* Deformationen überwinden
* Personalia
* Regionalentwicklung

Akademie der Wissenschaften der DDR
Wissenschaftliches Informationszentrum

Akademienachrichten. - Berlin 1(1990)5. - 14 S.

Für die Herausgabe seitens des WIZ
verantwortlich: Dr. sc. Helga Vietze

Ihre Anfragen und Wünsche nehmen wir telefonisch entgegen unter Berlin (002) 2 20 84 86/2 20 86 36

Herausgeber: Akademie der Wissenschaften der DDR
Wissenschaftliches Informationszentrum
Bereich Leitungsinformation
Schiffbauerdamm 19, PF 350, Berlin, DDR-1040
Fernruf: 2 80 51 93, Telex: 114535

Verantwortlicher Bearbeiter: Dipl.-Math. L.-R. Mehlhorn

Herstellung: Akademie der Wissenschaften der DDR
Wissenschaftliches Informationszentrum
Reprographische Abteilung

Redaktionsschluß: 21. Mai 1990

DDR 0,00 M

"Ich bin mir gewiß, wir schaffen das !"

Als neuer Präsident der AdW wurde am 17. Mai 1990 OMR Prof. Dr. sc. med. Dr. h. c. mult. Horst **KLINKMANN** vom Konsilium gewählt. Die Amtsübergabe ist für den 31. Mai 1990 vorgesehen.

Entsprechend dem oben zitierten Ausspruch sieht der international renommierte Wissenschaftler seine Aufgabe darin, der Forschungsstätte AdW den ihr zustehenden Platz in der Wissenschaftslandschaft Deutschland und Europa zu sichern.

Zum ***Vorsitzenden des Vorstandes der Forschungsgemeinschaft*** und Vizepräsident der AdW wählte die Hauptversammlung der Forschungsgemeinschaft den bisherigen Sekretär der Sektion Chemie der AdW Prof. Dr. sc. nat. Dr. h. c. Siegfried **NOWAK**.

Der ***Rat der Institutsvertreter*** übermittelte am 11. Mai dem Vorsitzenden des Ministerrates, Herrn Lothar DE MAIZIÈRE, einen Brief mit der Bitte, im Hinblick auf die Sorgen und sozialen Ängste der Mitarbeiter zur Perspektive von Wissenschaft und Forschung in der DDR Stellung zu nehmen. Der Brief wurde auch dem Minister für Forschung und Technologie zur Kenntnis gegeben.

Der ***Minister für Forschung und Technologie***, Prof. Dr. Frank **TERPE**, äußerte anläßlich eines Besuches im Zentralinstitut für Elektronenphysik der AdW, er strebe ein zweijähriges Moratorium für die AdW an. Diese Zeit werde benötigt, um ohne Mitarbeiter sozial zu bedrohen, die AdW in Ruhe umstrukturieren zu können. Dieser Vorschlag werde auch von der Westberliner Senatorin für Wissenschaft und Forschung, Prof. Dr. Barbara RIEDMÜLLER, mitgetragen.

Mit dem BRD-Minister RIESENHUBER besteht Einigkeit darin, daß es keinesfalls zu einer Ausdünnung der Forschungslandschaft in diesem Teil Deutschlands kommen darf.

Wahl des Präsidenten

Am 17. Mai 1990 setzte in Berlin-Adlershof das Konsilium der AdW seine am 26. April 1990 begonnene Wahlversammlung fort. Als Mitglieder des Konsiliums waren stimmberechtigt:
(Einschränkungen aus mehrfacher Zugehörigkeit zu den Gruppen entsprechend der Wahlordnung)

für das **Plenum der AdW (AkM)**
- die Ordentlichen und Korrespondierenden Mitglieder

für den **Wissenschaftlichen Rat der Forschungsgemeinschaft (WR)**
- die Direktoren der Institute und Einrichtungen der AdW
- die Vorsitzenden der Wissenschaftlichen Räte der Institute
- die Vorsitzenden der Sektionsräte

für die **Mitarbeitervertretungen (MV)**
- je ein Vertreter jedes Instituts oder jeder Einrichtung der AdW (Institutsrat/Betriebsgewerkschaftsleitung)
- je eine Vertreterin der Frauenvertretung der AdW.

Jeder Stimmberechtigte verfügte über eine Stimme, die nach folgendem Modus gewichtet wurde:

Es wird von einer Drittelparität der jeweils delegierenden Gruppen (AkM, WR, MV) ausgegangen. Diese Parität wird auf der Basis der anwesenden Stimmberechtigten für jede Gruppe festgelegt, d. h. die Summe der Stimmen einer Gruppe entspricht 100 Punkten, die des Konsiliums 300 Punkten.

WAHLERGEBNIS (Auszug aus dem Wahlprotokoll)
Mit 292 von 362 (440 mit Emeriti) waren 80,6 (66,4) % der Stimmberechtigten anwesend.

Kandidaten		**AkM**	**WR**	**MV**	**Gesamtpunkte**
	stimmberechtigt	172	110	76	
	anwesend	117	104	71	
OM H. BIELKA	Ja-Stimmen	20	28	13	
	Punkte	17,09	26,92	18,31	62,33
OM J. HERRMANN	Ja-Stimmen	9	0	0	
	Punkte	7,69	0,00	0,00	7,69
OM H. KLINKMANN	Ja-Stimmen	66	45	37	
	Punkte	56,41	43,27	52,11	151,79
OM K. LOHS	Ja-Stimmen	18	26	15	
	Punkte	15,38	25,00	21,13	61,51
KM M. PESCHEL	Ja-Stimmen	4	5	5	
	Punkte	3,42	4,81	7,04	15,27

Das Konsilium wählte nach seiner bestätigten Wahlordnung im ersten Wahlgang mit 151,79 von 300 möglichen Punkten OM H. KLINKMANN zum Präsidenten der AdW.

Wahl des Vorsitzenden des Vorstandes der Forschungsgemeinschaft und Vizepräsidenten

Die Wahl erfolgte am 17. Mai 1990 in Berlin-Adlershof Bunsensaal. Von den 210 Stimmberechtigten der Hauptversammlung der Forschungsgemeinschaft waren 199 anwesend.

Der Hauptversammlung gehören an:
- die Direktoren der Institute und Einrichtungen
- die Vorsitzenden der Wissenschaftlichen Räte der Institute
- die Vorsitzenden der Instituteräte.

Zur Wahl standen die Kandidaten

Prof. Dr. Günter Albrecht
Prof. Dr. Ulrich Hofmann
Prof. Dr. Siegfried Nowak

Wahldurchführung (Auszüge aus dem Protokoll)

Im 1. Wahlgang waren 96 % gültige Stimmen, davon 19,4 % Enthaltungen.

Ergebnis des 1. Wahlganges:

Kandidat	erhaltene Stimmen	Prozent der abgegebenen gültigen Stimmen
Prof. G. Albrecht	11	5,6
Prof. U. Hofmann	53	27,7
Prof. S. Nowak	90	47,1

Im 2. Wahlgang waren 97,5 % gültige Stimmen, davon 20,2 % Enthaltungen.

Ergebnis des 2. Wahlganges:

Kandidat	erhaltene Stimmen	Prozent der abgegebenen gültigen Stimmen
Prof. U. Hofmann	46	23,8
Prof. S. Nowak	108	56

Zum Vorsitzenden des Vorstandes der Forschungsgemeinschaft und Vizepräsidenten wurde mit 56 % der abgegebenen gültigen Stimmen Professor Siegfried NOWAK gewählt.

OMR Prof. Dr. sc. med. Dr. h. c. mult. Horst KLINKMANN
geb. am 7. Mai 1935 in Teterow

Bis 1959 Student an der Universität Rostock und Promotion, danach Assistent, Facharzt und Oberarzt an der Universitäts-Poliklinik Rostock, 1969 Lehrbefähigung für Innere Medizin und Habilitation, Arbeitsaufenthalte am Physiologischen Institut Budapest und Spezialausbildung an der Nierenklinik Lund/Schweden, 1969 Berufung zum Research Professor of Medicine and Surgery und Direktor des Center for Artifical Kidney der University of Utah/USA, 1971 Berufung zum Ordentlichen Professor für Innere Medizin an der Universität Rostock, seit 1974 **Direktor der Klinik für Innere Medizin der Wilhelm-Pieck-Universität Rostock**, 1977 Gouverneur und 1979 Präsident der European Society of Artifical Organs und seit 1984 Ehrenpräsident auf Lebensdauer des Exekutivkomitees der Internationalen Gesellschaft für künstliche Organe, 1976 bis 1980 und seit 1987 Präsident der European Dialysis and Transplant Association - European Renal Association, 1980 Präsident des Rates für Medizinische Wissenschaft der DDR, Mitglied des Forschungsrates der DDR, 1982 Mitglied der New York Academy of Science, 1984 Korrespondierendes und 1986 Ordentliches Mitglied der AdW, 1986 Mitglied der Leopoldina, 1987 Auswärtiges Mitglied der Königlichen Akademie von Belgien.

1983 Ehrenprofessur der Universität Glasgow/England und 1989 der Nankay-Universität China, Ehrenpromotion der Universitäten Marseille, Bologna und Debrecen, Ehrenmitgliedschaft in Medizinischen Gesellschaften der Tschechoslowakei, Ungarns, Österreichs, Italiens, Polens.

Mit Wirkung vom 1. Januar 1990 zum Professor für das Fachgebiet medizinische Technologie und Biomaterialwissenschaft an der Universität Bologna berufen (ausgesetzt).
Arbeitsgebiet: Innere Medizin, Nephrologie und künstlicher Organersatz.

Prof. Dr. sc. nat. Dr. h. c. Siegfried NOWAK
geb. am 17. 4. 1930 in Wählitz

Studium an der ABF Halle, der TU Dresden und der Lomonossow-Universität Moskau, 1956 bis 1967 Assistent und Abteilungsleiter am Institut für Verfahrenstechnik der organischen Chemie der AdW in Leipzig, 1967 bis 1969 stellvertretender Institutsdirektor und Bereichsleiter, 1959 Promotion an der Karl-Marx-Universität Leipzig, Facultas docendi auf dem Gebiet der Petrolchemie, 1970 Bereichsdirektor am Institut für Verfahrenstechnik der AdW, 1971 Professor der AdW, 1972 stellvertretender Direktor, 1974 Direktor des Zentralinstituts für Organische Chemie der AdW.

1973 Korrespondierendes und 1978 Ordentliches Mitglied der AdW, 1987 Leiter des Forschungsbereiches Chemie, 1989 **Sekretär für das Wissenschaftsgebiet Chemie**, Dezember 1989 Ehrenpromotion von der Karl-Marx-Universität Leipzig

Auswärtiges Mitglied der AdW der UdSSR sowie der Jugoslawischen Akademie der Wissenschaften und des Wissenschaftlichen Rates für Erdöl, Mitglied der Amerikanischen Chemischen Gesellschaft, Mitglied des Forschungsrates der DDR.
Arbeitsgebiete: Entwicklung von Katalysatoren, Petrolchemie und Carbochemie.

Bereits am 4. Mai wurden in den **Vorstand der Forschungsgemeinschaft** vom Rat der ***Institutsvertreter*** gewählt:

Frau Ing. Ingeburg **LEHMANN**
Institut für Polymerenchemie, Jahrgang 1942, seit 30 Jahren in der AdW tätig, wissenschaftlich-technische Mitarbeiterin

Dr. Heinz-Jürgen **LINDNER**
Institut für Soziologie und Sozialpolitik, Jahrgang 1944, seit 6 Jahren in der AdW tätig, Soziologe

Dr. Otto **RISTAU**
Zentralinstitut für Molekularbiologie, Jahrgang 1929, seit 30 Jahren in der AdW tätig, Chemiker

Dr. Michael **SCHAPER**
Zentralinstitut für Festkörperphysik und Werkstofforschung, Jahrgang 1942, Physiker

Dr.-Ing. Hartmut **SCHULZ**
Zentralinstitut für Elektronenphysik, Jahrgang 1946, Physiker

Als ***Gleichstellungsbeauftragte*** im Vorstand der Forschungsgemeinschaft wurde benannt:

Prof. Dr. sc. oec. Gertraud **WITTENBURG**
Zentralinstitut für Wirtschaftswissenschaften, Jahrgang 1941, Arbeitsgebiet: Geschichte des ökonomischen Denken, Methodologische Probleme der Geschichtsschreibung

Als Vertreter der ***Gewerkschaft*** sind

im Senat der AdW:
Hinrich **HARTKE**, Vorsitzender der Bereichskommission der AdW beim Hauptvorstand der Gewerkschaft Wissenschaft

im Vorstand der Forschungsgemeinschaft:
Dr. Wolfgang **ULLMANN**, Mitglied der Bereichskommission der AdW beim Hauptvorstand der Gewerkschaft Wissenschaft

SENAT der Akademie

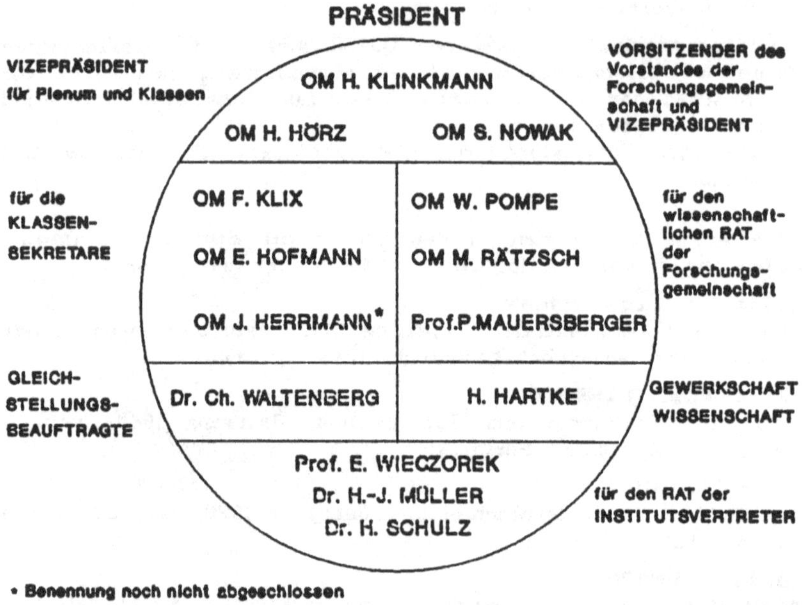

Sekretare der Klassen

OM H. HÖRZ
Klasse Philosophie, Ökonomie, Geschichte, Staats- und Rechtswissenschaften

OM E. HOFMANN
Klasse Biowissenschaften

OM J. HERRMANN
Klasse Literatur-, Sprach-, Geschichts- und Kunstwissenschaften

OM G. PASTERNAK
Klasse Medizin

VORSTAND der Forschungsgemeinschaft

* Benennung noch nicht abgeschlossen

Sekretare der Klassen

OM L. BUDACH
Klasse Mathematik

OM W. BÖHME
Klasse Geo- und Kosmoswissenschaften

OM K. LANIUS
Klasse Physik

OM H. BLUMENAUER
Klasse Werkstoffwissenschaft

OM M. RÄTZSCH
Klasse Chemie

OM U. HOFMANN
Klasse Informatik, Kybernetik und Automatisierung

Für die Schaffung einer leistungsfähigen Wissenschaftsstruktur

Auszüge aus der offenen Stellungnahme von Prof. RÄTZSCH, Direktor des Institutes für Technologie der Polymere (ITP) der AdW, zu einem Brief Dresdener Wissenschaftler

Die Wissenschaftler Dr. H. ESCHRIG (ZFW), Dr. E. OBERST und Dr. L. ZIPSER (ZKI) und Dr. G. BARKLEIT (ZfK) richteten einen offenen Brief an den Minister für Forschung und Technologie, Prof. Dr. F. TERPE sowie an den Bundesminister für Forschung und Technologie RIESENHUBER.

In diesem Brief legen die vier Mitarbeiter der AdW ihre Meinungen zur Herausbildung einer leistungsfähigen Wissenschaftsstruktur für die Grundlagenforschung auf dem Gebiet der DDR dar. Der Brief wurde in der Dresdener Bezirkszeitung der CDU "Union" am 26. April 1990 unter dem Titel "Die Deformation überwinden" veröffentlicht. (Zitate aus diesem Beitrag sind hier kleingedruckt wiedergegeben.)

"Sehr geehrter Herr Minister,... Vor Ihnen steht ein schweres Amt, gehört doch der Bereich Wissenschaft und Technologie zu den schwersten deformierten und geschädigten in unserem Land. Das wird schon an der geringen Zahl profilierter Wissenschaftler deutlich, die bei unserer friedlichen Revolution öffentlich aktiv geworden sind."

... Ich kann mich ... zu den Wissenschaftlern rechnen, die sich vor unserer friedlichen Revolution gegen Deformation unserer Wirtschafts- und Wissenschaftspolitik gewendet und sich danach wiederholt für eine Erneuerung und Reform unserer Akademie der Wissenschaften eingesetzt haben. ... mir sind eine Reihe profilierter Wissenschaftler bekannt, die öffentlich aktiv geworden sind. So ist der Aufruf zur Gründung eines Forums der Wissenschaftler im Bereich Dresden, um gemeinsam zur Erneuerung der Wissenschaft beizutragen sowie Deformationen abzubauen, von profilierten Wissenschaftlern auch der Dresdener Institute der Akademie der Wissenschaften ausgegangen.

"Unsere Forschungseinrichtungen sind nicht nur in der Ausrüstung, sondern auch personell in einem beklagenswerten Zustand. Eine konsequente Isolationspolitik hat zu einem erschreckenden Mangel an international profilierten Forschern geführt. Entmündigung, haarsträubende Arbeits- und Leitungsformen in den Instituten haben das Selbstbewußtsein der Mehrzahl der wissenschaftlichen Mitarbeiter demontiert. Bei der Auswahl der Leiter aller Ebenen spielte wissenschaftliche Qualifikation keine wesentliche Rolle ... Die Aktivitäten der Übergangsregierung Modrow zielten in unserem Bereich vor allem auf eine Konsolidierung der fachlich nicht legitimierten Führungsmannschaft."

Die von den vier Wissenschaftlern geschilderten Zustände in ihren Abteilungen bzw. Bereichen oder auch (?) Instituten insgesamt sind erschreckend und bedürfen nach meiner Ansicht einer dringenden Untersuchung, wenn die Umstände nicht verändert wurden und auch heute noch wirken. Hier ist der Ehrenausschuß des Plenums der Akademie der Wissenschaften gefordert, der diese Situation analysieren und Vorschläge zur Veränderung machen muß.

Unzulässig ist es aber andererseits, die Schlußfolgerungen auf alle Institute der AdW zu übertragen und von insgesamt "beklagenswerten Zuständen" bei Ausrüstungen und Personal zu sprechen. ... eine Analyse des wissenschaftlichen Niveaus in unserem Institut (ITP Dresden) und auch in einigen anderen Instituten des Forschungsbereiches Chemie, ... hat ergeben, daß Forschungsergebnisse vorliegen, die jeden Vergleich mit internationalen Forschungseinrichtungen standhalten. ... unbestritten ist, daß in einer Reihe von Instituten auch Forschungsergebnisse erbracht wurden, deren Zielstellungen aus der Selbstisolation der Wirtschaft der DDR oder der Existenz der COCOM-Bestimmungen abgeleitet waren und nun keine Berechtigung mehr besitzen. Diese inhaltlichen Deformationen müssen schnellstens überwunden werden, wenn die Forschungskollektive ihre Existenz erhalten wollen.

"Wie sich die Lage darbietet, halten wir die Erneuerung der Forschung in der ganzen Breite der Akademieinstitute für nicht realistisch. Die Mehrzahl der Mitarbeiter fürchtet um die Existenz und bringt das Selbstbewußtsein zu einem generellen Leitungswechsel ... nicht auf. ... Gewählte wissenschaftliche Institutsräte richten gegen die pyramidale Leitungshierarchie wenig aus."

Ich bin sehr einverstanden, daß von allen Wissenschaftlern Erneuerungsimpulse ausgehen müssen, ... Nun kann und wird sich beweisen, wer Informationen mit Intuition und persönliche Aktivität mit Leistungsfähigkeit verbinden kann und auch dazu bereit ist. ... Die demokratisch legitimierten Leitungen, die gewählten wissenschaftlichen und Betriebsräte, die gewählten Vorsitzenden der Klassen, die neuen Senatoren, die neuen Vizepräsidenten und letztlich der Präsident stehen für einen internationalen Leistungsvergleich und garantieren die Chancengleichheit für jedermann.

"Folgende Maßnahmen halten wir in dieser Situation für notwendig:

1. Die Abtrennung der Zentralinstitute von der AdW als Gelehrtenvereinigung. Die letztere hat ihre Unfähigkeit zur Führung der Forschungsinstitute und zur Organisation eines wissenschaftlich-kreativen Klimas bewiesen. ... (Sie) fällt ... bei einem Vergleich mit der Leopoldina eindeutig ab.
2. Abschaffung des nationalen Forschungsrates ... sowie der nationalen Forschungsschwerpunkte.

3. Abschaffung der bestehenden Leitungshierarchie in den Zentralinstituten ab Stichtag.
4. Finanzielle Sicherung der Personal und Betriebskosten der Einrichtungen bis Jahresende als Bestandteil sozialer Notstandsregelungen.
5. Neuformierung der Forschung von unten über Bewerbung um einzelgeleitete überschaubare Projekte. ...
6. Begutachtung und Bewilligung der Projekte (durch das - Red. ANA) ... BMFT der BRD.

Ich verstehe unter der Forderung nach Reform der Akademie einen ganzen Katalog von Maßnahmen, ... damit die Gelehrtengesellschaft und die Institute ihren Platz in einem geeinten Deutschland finden werden. Ich kritisiere hier besonders die zögerliche Herangehensweise der Leitung der AdW an diesen Reformprozeß, ... was schnell überwunden werden muß.

Auf der anderen Seite werden im Brief der vier Wissenschaftler Kritiken geäußert, die einen mangelnden Überblick erkennen lassen und einer "Strukturstürmerei" gleichkommen, die ich nicht aus akademischer Verletzlichkeit oder Strukturanhänglichkeit ablehne, sondern weil sie auch zerstören will, was erhaltenswert und in einem gemeinsamen deutschen Staat einbringbar ist.

Das betrifft die Aussagen zur Führung der Forschungsinstitute durch die Gelehrtengesellschaft. Eine solche "Führungsrolle" hat die Gelehrtengesellschaft nie gehabt und konnte sie auch nicht wahrnehmen. Die Gelehrtengesellschaft besteht aus profilierten Wissenschaftlern aller Forschungseinrichtungen unseres Landes und nicht nur der Akademie und wirkt empfehlend für die Profilentwicklung der Grundlagenforschung in unserem Lande und damit natürlich auch für die Forschungseinrichtungen der AdW. Die Direktoren der Institute und Zentralinstitute sind dem Präsidenten direkt unterstellt, nachdem die Zwischenleitungen über die Forschungsbereiche abgeschafft waren. Damit war und ist eine weitgehende Eigenverantwortlichkeit der Institute für die inhaltliche Profilierung unter den gegebenen und eingeschränkten finanziellen und materiellen sowie Reisemöglichkeiten geschaffen.

Einen Vergleich mit der Leopoldina sollte den Mitgliedern der Akademie vorbehalten bleiben, die gleichzeitig Mitglied der Leopoldina sind und durch die auch schon in der Vergangenheit Vorschläge für Veränderungen in der Arbeit der Klassen bzw. des Plenums eingebracht wurden.

Die unberechtigte Kritik betrifft weiterhin die Forderung nach der Abschaffung des nationalen Forschungsrates, der als wissenschaftsberatendes Organ dem Ministerium für Forschung und Technologie (MFT) zugeordnet ist und nicht zur Akademie der Wissenschaften gehört.

Den vier Wissenschaftlern ist offenbar entgangen, daß durch die Gruppen des Forschungsrates in den letzten Monaten Ausschreibungen für Projekte vorbereitet wurden, die auch mit dem Bundesministerium für Forschung und Technologie (BMFT) vorberaten sind und weiter abgestimmt werden.

Nach den Ausschreibungen können sich die Forschungskollektive aus Universitäten, Hochschulen und der AdW bewerben, um so die Finanzierung ihrer Arbeiten zu sichern. Für die Beurteilung ist die Einbeziehung ausländischer Wissenschaftler vorgesehen.

Neben dieser Finanzierungsreform durch das MFT und auch BMFT ist aber auch eine weitere Haushaltsfinanzierung der Universitäten, Hochschulen und der AdW erforderlich. Hierbei stelle ich mir einen Sockelbetrag vor, der die Finanzierung von insbesondere disziplinärer Grundlagenforschung sichert. Über die Zuführungskriterien, die den Forschungsinhalten angepaßt sein müssen, muß sicher noch beraten und gegebenenfalls gestritten werden.

Voraussetzung für alle Überlegungen zu Forschungsinhalten ist jedoch neben einer international vergleichbaren Leistungsfähigkeit die Paßfähigkeit des Profils der jeweiligen Einrichtungen in die Forschungslandschaft des geeinten Deutschlands. Die Forschungsorganisation ist dabei nach meiner Meinung von sekundärer Bedeutung und muß so erfolgen, daß sie den Forschungsprozeß unterstützt und nicht hemmt.

Dem Vizepräsidenten für die sog. "Forschungsgemeinschaft" als "loser Verband" aller Institute der Akademie, den Senatoren und dem Rat der Forschungsgemeinschaft, kommt in den nächsten Wochen die Aufgabe zu, ein kurzfristiges (eventuell für den Zeitraum der Legislaturperiode der Regierung der DDR) und ein mittelfristiges (gerichtet auf Bedingungen einer nationalen Einheit) Programm zu erarbeiten, in dem stufenweise die Reformschritte der AdW sichtbar werden.

gez. M. Rätzsch

Personalia

Ernennungen zum 15. Mai 1990

Direktor des Zentralinstitutes für Astrophysik

Prof. Dr. sc. nat. Dierck-Ekkehard LIEBSCHER

Regionalentwicklung und Wissenschaftspolitik

Für die Gestaltung einer sich harmonisch entwickelnden, demokratisch mitbestimmten, leistungsstarken, zukunftsorientierten und sozial abgesicherten Wissenschaftspolitik in der Region Berlin/Brandenburg wurden gemeinsam von Wissenschaftlern der AdW und der Humboldt-Universität zu Berlin (HUB) vielfältige Aktivitäten initiiert.

Arbeitsgruppe Wissenschaft der Parteien und politischen Organisationen des Zentralen Runden Tisches

Mit dem Memorandum zur Lage von Wissenschaft und Forschung in der DDR wandte sich die Arbeitsgruppe mit Vorschlägen an die Volkskammer und an die Regierung der DDR, um gravierende Mängel in der konzeptionellen Arbeit und bei der Überwindung administrativer Strukturen, die die Kreativität behindern, beheben zu helfen.

Der Text des Memorandums liegt allen Direktoren der Institute und Einrichtungen der AdW vor.

Kontaktadresse: Redaktionskommission des Memorandums

Dr. G. **WEIGT**, Gotenstr. 5, Berlin, 1185
Dr. D. **PÖTSCHKE**, Platz vor dem Neuen Tore, Berlin, 1040

Initiativgruppe "Wissenschaftspolitik Berlin"

Sie befasst sich im Rahmen des ***Forschungsprojekts "Wissenschaftslandschaft Berlin"*** mit den Forschungsaufgaben

- Regionale Entwicklungs- und Reproduktionserfordernisse der Wissenschaft
- Wirkungen der Wissenschaft auf die industrielle, soziale und ökologische Entwicklung von Ballungsräumen
- Politische Steuerung der Regionalentwicklung über Wissenschaftspolitik

An dem Projekt arbeiten die Wissenschaftler Dr. sc. Klaus **PULS** und Dr. sc. Jochen **GLÄSER** (HUB) sowie Dr. sc. Klaus **MEIER** und Dr. sc. Charles **MELIS** (AdW/ITW).

Kontaktadressen:

Dr. sc. Klaus **PULS**, Humboldt-Universität zu Berlin,
Sektion Wissenschaftstheorie und -organisation,
Ziegelstr. 13a, Berlin, 1086

Dr. sc. Charles **MELIS**, Akademie der Wissenschaften der DDR,
Institut für Theorie, Geschichte und Organisation der
Wissenschaft, Prenzlauer Promenade 149-152, Berlin, 1100

Akademie - wie weiter? (II)

Die ***Interessengruppe Akademie-Reform*** lädt alle interessierten Mitarbeiter zur Fortsetzung der Diskussion vom 4. April 1990 über die wissenschaftlichen und wissenschaftspolitischen Perspektiven der AdW in der zukünftigen Wissenschaftslandschaft eines geeinten Deutschlands ein. Schwerpunkt der Diskussion soll die mögliche Rolle der AdW in Berlin als europäisches Zentrum von Forschung und Studium sein.

Als Grundlage für die Diskussion stellt die Initiativgruppe "Wissenschaftspolitik Berlin" Thesen vor:

"Für eine konstruktive Wissenschaftspolitik in Berlin"
(Dr. sc. K. MEIER, Dr. sc. Ch. MELIS)

Die Diskussion findet statt am ***31. Mai 1990, 18.00 Uhr*** im ***Plenarsaal***, Otto-Nuschke-Str. 22/23.
Diskussionsleitung : Prof. P. MAUERSBERGER

Kontaktadresse: Interessengruppe Akademie-Reform

Dr. sc. K. Meier, Tel.: 4 79 72 74
M. Nelken, Tel.: 2 20 82 53

Public-Relations-Arbeit für die Akademie

Ein ***Arbeitskreis Öffentlichkeitsarbeit*** hat sich am 9. Mai an der AdW konstituiert. Ihm gehören Pressebeauftragte, Öffentlichkeitsarbeiter und Journalisten aus 27 Instituten und Einrichtungen sowie den Zentralen Leitungsorganen der AdW an. Der Arbeitskreis will dafür wirken, daß Öffentlichkeitsarbeit als institutionelle Führungsaufgabe erkannt und im Interesse der Existenzsicherung der AdW gefördert und eingesetzt wird. Mit modernen Public-Relations-Methoden soll auf die Rolle der Wissenschaft bei der Zukunftssicherung der Gesellschaft und auf Ergebnisse und Probleme der bislang größten deutschen Wissenschaftseinrichtung aufmerksam gemacht werden.

Der Arbeitskreis, der weiteren Interessenten aus der Akademie offensteht, wird zu Veranstaltungen und Treffen einladen. Vorgesehen sind Begegnungen mit Experten aus Öffentlichkeit und Wissenschaft sowie die Vermittlung von Erfahrungen in der Öffentlichkeitsarbeit.

Kontaktadresse: Presseabteilung der AdW, Tel.: 20 37 03 22

PKW- und Kleintransporter-Service

Die ***Kraftfahrzeug-Leitwerkstatt der AdW*** befindet sich im Prozeß der Umgestaltung zu einer Kapitalgesellschaft (GmbH). Sie wird einen Service- und Händlervertrag mit der Volkswagen AG abschließen, der mit der Realisierung der Währungsunion wirksam werden soll. Der Händlervertrag ermöglicht es, fabrikneue Fahrzeuge der Marken Volkswagen (auch Kleintransporter) und Audi sowie dazugehörige Original-Ersatz- und Austauschteile zu vertreiben und den Kundendienst sicherzustellen.

Natürlich besteht auch weiterhin der Kundendienst-Service für Lada, Wartburg, Trabant und B 1000.

Der künftige Service umfaßt folgende Bereiche:

- Verkauf von Neufahrzeugen der Marken Volkswagen und Audi
- An- und Verkauf von Gebrauchtfahrzeugen
- Vertrieb von Ersatzteilen, Pflegemittel und Zubehör
- Schnellreparaturen
- Durchsichten (General-Durchsichten, 10000 und 15000 km)
- Unfallbeseitigung mit Blech- und Lackarbeiten
- Optische Achsvermessung
- Technische Überprüfung und Abgaseinstellung
- Kfz-Elektrik, Batteriedienst und Batterieverkauf
- Reifendienst (Verkauf, Montage, Auswuchtung)
- Automatische PKW-Wasch- und Trockenanlage und PKW-Komplettpflege
- Streckenhilfe, Abschleppdienst (Tag und Nacht) und Autovermietung (in Vorbereitung)

Kontaktadresse:

Akademie der Wissenschaften der DDR
PKW- und Kleintransporter-Service
Rudower Chaussee 5
Berlin
1199

Telefon: 6 76 21 31 / 6 74 57 85/5264/5265/2629

Embryotransfer – ein biotechnisches Verfahren zur Intensivierung der Rinderzucht

(Wissenschaftliche Vortragstagung der Agrarwissenschaftlichen Gesellschaft der DDR, der Forschungskooperationsgemeinschaft „Biologie und Biotechnik der Fortpflanzung" der Akademie der Landwirtschaftswissenschaften der DDR und der VVB Tierzucht am 15. und 16. Januar 1986 in Leipzig)

Tagungsbericht Nr. 252, Akademie der Landwirtschaftswissenschaften der DDR, 1986

Der Bericht gibt einen Überblick über den Stand der biotechnischen Fortpflanzungssteuerung „Embryotransfer", speziell für die Rinderproduktion. Forschungsergebnisse auf dem Gebiet des Embryotransfer werden als Resultat einer beispielgebenden Forschungskooperation mit den sozialistischen Partnereinrichtungen vermittelt. Folgende Schwerpunkte werden behandelt: Ausnutzung des biologischen Keimzellenpotentials, insbesondere der weiblichen Zuchttiere, die Erzeugung eineiiger Mehrlinge durch Zelltrennung, die Übertragung von Zellkernen zur identischen Vermehrung, die Geschlechtsbestimmung und die Gentechnologie. Auf diesen Gebieten wird sich international eine stürmische Entwicklung vollziehen.
Das biotechnische Verfahren findet wachsende Bedeutung bei der Intensivierung der Rinderzucht, bei der weiteren Verbesserung und Stabilisierung der Fortpflanzungs- und Aufzuchtleistung landwirtschaftlicher Nutztiere sowie bei der effektiven Reproduktionsorganisation zur langfristigen Sicherung von Tierprodukten.
Mit dem vorliegenden Bericht werden wertvolle Anregungen für den Fortgang der Forschungsarbeiten vermittelt.

Erscheinungstermin: Februar 1987

Bestellungen sind unter der Bestellnummer 808 3644 beim Buchhandel möglich.

Acta Biotechnologica

Volume 7 1987 Number 5

Contents

Acta Biotechnologica is indexed or abstracted in Current Contents/ET & AT; Chemical Abstracts; Biological Abstracts; Biotechnology Abstracts; Excerpta Medica